"十四五"高等教育计算机辅助设计新形态系列教材

AutoCAD 二维绘图案例教程

薛俊芳　刘　海◎主　编
刘　乐　乌日娜　周　洁◎副主编

中国铁道出版社有限公司
CHINA RAILWAY PUBLISHING HOUSE CO., LTD.

内 容 简 介

本书编者结合多年教学实践和实际应用经验,以案例方式系统地介绍了 AutoCAD 2020 的使用方法和操作技巧。主要内容包括 AutoCAD 2020 绘图的基本设置与操作、基本绘图命令、编辑命令、尺寸标注、机械工程图样绘制等。

为了使读者直观掌握书中的有关操作和技巧,每节实例均配有讲解视频,与文字相辅相成、互为补充,最大限度地帮助学生快速掌握本书内容。

本书适合作为高等院校相关工科专业的 CAD 教材,也可作为有关机构的培训教材,还可作为零基础读者学习 AutoCAD 绘图技术的参考用书。

图书在版编目(CIP)数据

AutoCAD 二维绘图案例教程/薛俊芳,刘海主编.—北京:中国铁道出版社有限公司,2023.6(2024.3 重印)
"十四五"高等教育计算机辅助设计新形态系列教材
ISBN 978-7-113-29921-7

Ⅰ.①A… Ⅱ.①薛… ②刘… Ⅲ.①AutoCAD 软件-高等学校-教材 Ⅳ.①TP391.72

中国国家版本馆 CIP 数据核字(2023)第 020716 号

书　　　名:	AutoCAD 二维绘图案例教程
作　　　者:	薛俊芳　刘　海
策　　　划:	曾露平　　　　　　　　编辑部电话:(010)63551926
责任编辑:	曾露平　彭立辉
封面设计:	郑春鹏
责任校对:	苗　丹
责任印制:	樊启鹏
出版发行:	中国铁道出版社有限公司(100054,北京市西城区右安门西街 8 号)
网　　　址:	http://www.tdpress.com/51eds
印　　　刷:	三河市燕山印刷有限公司
版　　　次:	2023 年 6 月第 1 版　2024 年 3 月第 2 次印刷
开　　　本:	787 mm×1 092 mm　1/16　印张:10.5　字数:272 千
书　　　号:	ISBN 978-7-113-29921-7
定　　　价:	29.80 元

版权所有　侵权必究

凡购买铁道版图书,如有印制质量问题,请与本社教材图书营销部联系调换。电话:(010)63550836
打击盗版举报电话:(010)63549461

前　言

党的二十大报告要求："坚持把发展经济的着力点放在实体经济上，推进新型工业化，加快建设制造强国、质量强国、航天强国、交通强国、网络强国、数字中国。"

随着我国从制造大国向制造强国的不断深入推进，计算机图形技术已被广泛应用于机械、电子、航空航天、建筑、化工等领域，且发挥着越来越重要的作用，使设计者的工作方式、工作效率和工作质量都得到了极大提高和改善。

AutoCAD是当今较为先进的计算机辅助设计软件之一，其二维绘图功能尤为强大，在诸多工程领域被广泛使用。本书阐释AutoCAD 2020的二维绘图功能。

本书结合工程图学的教学特点，从AutoCAD工程应用角度出发，以案例方式编写。侧重于以下四方面：

1. 充分考虑自学，内容安排适度

本书内容安排由浅入深，引导读者快速入门；删减了不常用的操作选项，仅保留与工程实践紧密联系的功能；不追求高级应用，尽量做到简明扼要，够用易会。

2. 结合工程实践，注重案例分析

本书内容结合工程案例进行讲解，突出工程实践性。在对每个案例操作之前进行案例分析，使读者动手之前能明白大体的实现思路，有目的地培养读者主动分析绘图对象的能力，确保读者学有所用，能够举一反三。

3. 考虑认知规律，精准化解知识难点

本书采用案例引入→操作步骤→知识拓展→随堂练习的教学结构，符合应用类软件的学习规律。在讲解操作步骤时，在关键处、难点处均以操作提示、操作技巧等方式给予指点，让读者少走弯路，即学即会，提高学习效率。同时复习、拓展工程图学相关内容，实现学习新知、激活旧知。

4. 强调动手实践，益于读者练习

本书每节后均配有相应的随堂练习，每章后又配有与整章内容相关的上机练习，以方便读者自测相关知识点的学习效果，并通过自己动手完成综合练习，提升读者运用所学知识和技术的综合实践能力。

本书由内蒙古工业大学薛俊芳、刘海任主编，刘乐、乌日娜、周洁任副主编。编写分工：周洁和刘乐编写第1章，薛俊芳和刘海编写第2章和第4章，乌日娜和薛俊芳编写第3章，刘乐编写第5章，全书由薛俊芳统稿并定稿。本书在编写过程中，得到内蒙古工业大学工程图学部其他老师的热忱支持、帮助和关心，在此谨向他们表示由衷感谢。感谢中国铁道出版社有限公司的大力支持。

由于时间仓促，编者水平有限，书中难免存在疏漏与不妥之处，恳请广大同仁及读者不吝赐教。

编　者

2023年1月

目　录

第 1 章　AutoCAD 2020 操作基础 ········ 1
1.1　AutoCAD 2020 的主要功能 ········ 1
1.2　初识 AutoCAD 2020 ········ 1
1.3　使用坐标模式绘制图形 ········ 8
1.4　使用对象捕捉模式绘制图形 ········ 13
1.5　使用极轴追踪模式绘制图形 ········ 19
1.6　建立基础样板文件 ········ 24
1.7　上机练习 ········ 32

第 2 章　绘制平面图形 ········ 34
2.1　绘制连接片 ········ 34
2.2　绘制垫片 ········ 44
2.3　绘制蛙形垫片 ········ 51
2.4　绘制挂轮架 ········ 59
2.5　绘制吊钩 ········ 64
2.6　上机练习 ········ 69

第 3 章　文字书写与尺寸标注 ········ 71
3.1　建立具有工程文字样式的样板文件 ········ 71
3.2　建立具有标注样式的样板文件 ········ 77
3.3　平面图形的尺寸标注 ········ 85
3.4　上机练习 ········ 90

第 4 章　绘制形体视图 ········ 92
4.1　切割式组合体三视图 ········ 92
4.2　叠加式组合体三视图 ········ 97
4.3　绘制形体的剖视图 ········ 105
4.4　绘制支撑座视图 ········ 112
4.5　上机练习 ········ 116

第 5 章　绘制工程图样 ········ 119
5.1　绘制螺纹并标记 ········ 119
5.2　绘制螺纹紧固件 ········ 127
5.3　绘制机械零件图 ········ 136
5.4　绘制机械装配图 ········ 148
5.5　上机练习 ········ 158

参考文献 ········ 162

第 1 章 AutoCAD 2020 操作基础

1.1 AutoCAD 2020 的主要功能

AutoCAD 是由 Autodesk 公司开发的大型计算机辅助绘图软件,主要用来绘制工程图样。Autodesk 公司自 1982 年推出 AutoCAD 的第一个版本 AutoCAD 1.0 起,在全球累计拥有上千万用户,多年来积累了无法估量的设计数据资源。该软件作为 CAD 领域的主要产品,一直凭借其独特的优势而为全球设计工程师采用。目前,广泛应用于机械、能源、航空航天、化工、电子、土木、建筑、纺织等行业。本书以 AutoCAD 2020 进行讲解。

AutoCAD 是一个辅助设计软件,可以满足通用设计和绘图的主要需求,并提供各种接口,与其他软件有效集成,共享设计成果。其主要提供的功能如下:

(1)具有强大的图形绘制功能:AutoCAD 提供了绘制直线、圆、圆弧、多边形、文本、表格和尺寸标注等多种图形对象的功能。

(2)精确定位定形功能:AutoCAD 提供了坐标输入、对象捕捉、栅格捕捉、追踪、动态输入等功能,利用这些功能可以精确确定图形对象的形状和位置。

(3)具有丰富的图形编辑功能:AutoCAD 提供了复制、旋转、平移、阵列、修剪、倒角、缩放、偏移等方便实用的编辑工具,可极大地提高绘图效率。

(4)三维造型功能:AutoCAD 三维建模可让用户使用实体、曲面和网格对象创建实体。

(5)辅助设计功能:可以查询设计绘制好的图形的尺寸、面积、体积和力学特性等,同时提供多种软件的接口,可方便地将设计数据和图形在多个软件中共享,进一步发挥各软件的特点和优势。

(6)图形输出功能:图形输出包括屏幕显示和打印出图,AutoCAD 提供了方便的视图缩放和平移等屏幕显示工具,模型空间、图纸空间、布局、发布和打印等功能极大地丰富了出图选择。

(7)二次开发功能:AutoCAD 自带的 AutoLISP 语言允许用户自行定义新命令和开发新功能,通过 DXF、IGES 等图形数据接口,可以实现 AutoCAD 和其他系统的集成。

1.2 初识 AutoCAD 2020

AutoCAD 具有良好的用户界面,通过交互式菜单或命令行方式便可以进行各种操作,让非计算机专业人员也能很快地学会使用;AutoCAD 具有广泛的适用性,可以在各种操作系统支持的微型计算机和工作站上运行。

1.2.1 案例介绍和知识要点

绘制一幅横向 A3 图纸边界的边框图形,左下角坐标为(0,0),右上角坐标为(420,297),如图 1-1 所示。

图 1-1　A3 横向图纸边框

知识要点:
(1)用户操作界面。
(2)图形界限的设置。
(3)缩放视图的运用。
(4)文件操作的方法。

1.2.2 操作步骤

·······●视频

建立A3图纸
横向边框

步骤一:启动 AutoCAD 2020 软件,新建文件。

(1)下载并安装 AutoCAD 2020 简体中文版,系统桌面上会出现 AutoCAD 2020 简体中文版的快捷图标 A,双击该图标,即可启动 AutoCAD 2020;或者选择"开始"|"AutoCAD 2020－简体中文(Simplified Chinese)"|"AutoCAD 2020－简体中文(Simplified Chinese)"命令,也可启动该软件。

(2)单击快速访问工具栏上的"新建"按钮 ,或者选择"文件"|"新建"命令,弹出"选择样板"对话框。在样板列表框中选择 acadiso.dwt 样板,单击"打开"按钮,如图 1-2 所示。

(3)系统会自动打开绘图界面,默认的界面布置如图 1-3 所示。

步骤二:设置图形界限。

选择"格式"|"图形界限"命令,或在命令行输入 limits,设置 A3 图纸横向放置的图形界限。

(1)利用键盘输入"0,0",按【Enter】键确定左下角点。

(2)输入"420,297",按【Enter】键确定右上角点。

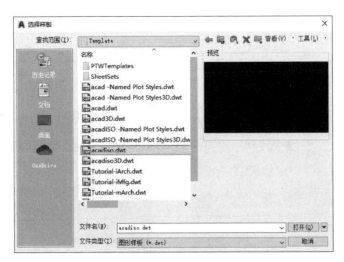

图 1-2 "选择样板"对话框

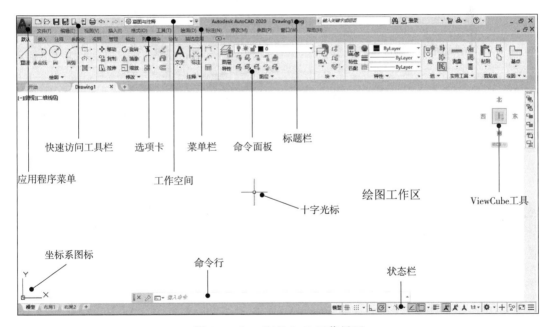

图 1-3 AutoCAD 2020 工作界面

命令行窗口提示：
命令：_limits
指定左下角点或[开(ON)/关(OFF)]<0.0000,0.0000>:0,0   //确定左下角点
指定右上角点<420.0000,297.0000>:420,297   //确定右上角点
步骤三：绘制 A3 图纸边框。
单击命令面板"绘图"区域中的"矩形"按钮 ▭ ，绘制 A3 图纸矩形边框。
(1)利用键盘输入 0,0,按【Enter】键确定矩形第一个角点。
(2)输入 420,297,按【Enter】键确定另一个对角点。

命令行窗口提示：

命令：_rectang

指定第一个角点或[倒角(C)/标高(E)/圆角(F)/厚度(T)/宽度(W)]:0,0

指定另一个角点或[面积(A)/尺寸(D)/旋转(R)]:420,297

步骤四：缩放图形，屏幕最大化显示。

单击"视图"选项卡，选择"导航"面板中的缩放工具"全部"，如图1-4（a）所示，全屏显示绘制的A3图纸边框；或选择菜单栏中的"视图"|"缩放"|"全部"命令完成视图缩放显示，如图1-4（b）所示。绘制并全屏显示的A3图纸边框如图1-5所示。

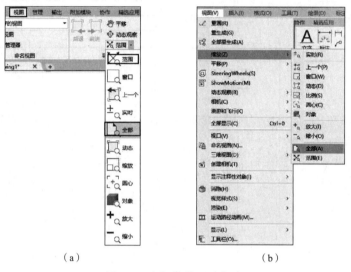

图1-4　全部缩放显示方式

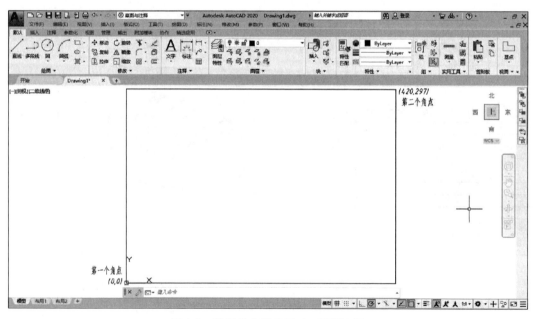

图1-5　绘制并全屏显示A3图纸边框

步骤五：保存文件。

单击快速访问工具栏中的"保存"按钮 ![], 或选择"文件"|"保存"命令, 弹出"图形另存为"对话框。从"保存于"列表中选择要存放图形文件的文件夹, 在"文件名"文本框中输入"案例1.dwg", 单击"保存"按钮, 如图1-6所示。

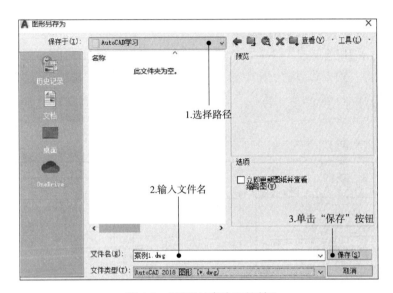

图1-6 "图形另存为"对话框

步骤六：关闭文件。

单击菜单栏最右侧的"关闭"按钮 ![], 也可以单击文件标签右侧的 ![] 按钮, 关闭绘制的图形文件, 完成第一幅AutoCAD图形的绘制, 如图1-7所示。

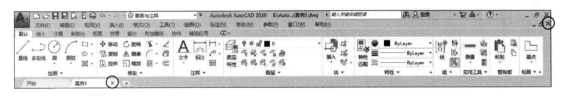

图1-7 关闭图形文件

1.2.3 知识拓展——文件操作

1. 新建文件

新建AutoCAD文件有多种方式, 分别为：

(1) 单击快速访问工具栏中的"新建"按钮 ![]。

(2) 选择应用程序菜单中的"新建"命令。

(3) 选择"文件"菜单中的"新建"命令。

(4) 按【Ctrl+N】组合键。

通过以上任意一种方式, 均会弹出"选择样板"对话框。在模板列表中选择适当的样板文件，单击"打开"按钮，即可新建 AutoCAD 文件，如图 1-2 所示。

2. 打开文件

打开 AutoCAD 文件同样有多种方式，分别为：

(1)单击快速访问工具栏中的"打开"按钮 ▷。

(2)选择应用程序菜单中的"打开"命令。

(3)选择"文件"菜单中的"打开"命令。

(4)按【Ctrl+O】组合键。

通过以上任意一种方式，均会弹出"选择文件"对话框。在"查找范围"下拉列表中选择存放文件的文件夹，在"名称"列表中选择文件，单击"打开"按钮，即可打开 AutoCAD 图形文件，如图 1-8 所示。

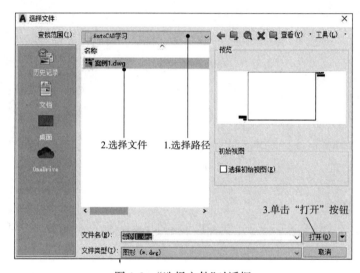

图 1-8 "选择文件"对话框

3. 保存文件

保存 AutoCAD 文件同新建、打开文件类似，分别为：

(1)单击快速访问工具栏中的"保存"按钮 ■。

(2)选择应用程序菜单中的"保存"命令。

(3)选择"文件"菜单中的"保存"命令。

(4)按【Ctrl+S】组合键。

首次执行"保存"命令的图形文件，会弹出"图形另存为"对话框，从"保存于"下拉列表中选择要存放图形文件的文件夹，在"文件名"文本框中输入"案例 1.dwg"，如图 1-6 所示，单击"保存"按钮。再次单击保存图形文件时，不再弹出"图形另存为"对话框，以相同位置、相同名称完成文件保存。

若图形文件的保存位置或文件名需要更改，可单击"另存为"按钮 ■，其执行方式同"保存"按钮，这里不再赘述。需要特别说明的是，AutoCAD 软件是向下兼容的，高版本软件可直接打开低版本的文件，低版本软件无法打开高版本软件创建的图形文件。用户可以在保存文件时，在"文件类型"中选择低版本类型，将高版本的文件保存为低版本文件，如图1-9所示。

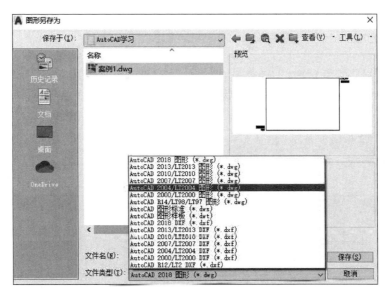

图1-9 "图形另存为"对话框

4. 关闭文件

关闭图形文件参见图1-7。这里需要说明的是，如果当前的图形文件还没保存过，这时AutoCAD 2020会给出是否保存的提示，如图1-10所示。

图1-10 关闭文件提示信息

单击"是"按钮，会弹出"图形另存为"对话框，保存方法同文件保存步骤。保存后，文件被关闭。

单击"否"按钮，则文件不保存退出；如果单击"取消"按钮，则会取消关闭文件操作。

5. 退出AutoCAD 2020软件

AutoCAD 2020支持多文档操作，也就是说，可以同时打开多个图形文件，同时在多张图样上进行操作，可极大提高工作效率。为了节约系统资源，可有选择地关闭暂时不用的文件。

当完成绘制和修改图形文件工作后，要退出AutoCAD 2020软件。单击标题栏中最右侧

的"关闭"按钮 ×,如果有图形文件没有保存过,则系统也会给出是否保存的提示,操作方法同"关闭文件"。还可以通过选择菜单栏中的"文件"|"退出"命令,或选择应用程序菜单中的"退出 Autodesk AutoCAD 2020"命令退出软件。

1.2.4 随堂练习

(1)熟悉标题栏、工作空间、下拉菜单、功能区、选项卡、命令面板等操作,熟悉鼠标用于绘图、选择对象、执行命令等不同功能时的形状,观察命令行窗口,了解绘图窗口、状态栏等,掌握 AutoCAD 2020 帮助的使用方法。

(2)设置 A4 竖放图形界限,并绘制如图 1-11 所示图形(图形没有标注尺寸时,其大小自定),缩放其全部显示。

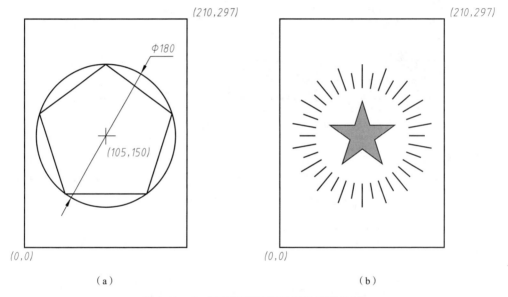

图 1-11 A4 竖放图形界限及简单图形绘制

1.3 使用坐标模式绘制图形

1.3.1 案例介绍和知识要点

分别应用直角坐标和极坐标方式确定图形中各点的坐标,绘制如图 1-12 所示的图形。
知识要点:
(1)直角坐标和极坐标的概念。
(2)相对坐标和绝对坐标的概念。
(3)应用各种坐标定义点的方法。

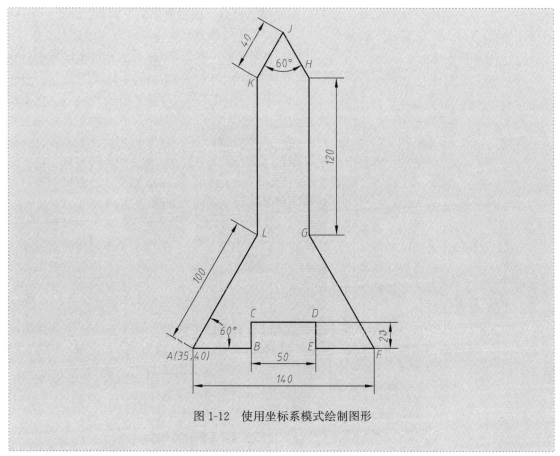

图 1-12 使用坐标系模式绘制图形

1.3.2 操作步骤

步骤一：新建文件。

选择 acadiso 样板文件新建图形，设置 A3 图纸竖放图形界限，并缩放为全屏显示，保存为"案例 2"。

步骤二：计算坐标点。

(1) 由 A 点坐标，应用绝对直角坐标计算 B、C 点，见表 1-1。

(2) 应用相对直角坐标计算 D、E、F 点，见表 1-1。

(3) 应用相对极坐标计算 G、H、J、K、L 点，见表 1-1。

视频

使用坐标模式绘制图形

表 1-1 计算所得各点坐标

点	坐标	点	坐标	点	坐标
A	35,40	E	@0,−20	J	@40<120
B	80,40	F	@45,0	K	@40<−120
C	80,60	G	@100<120	L	@120<−90
D	@50,0	H	@120<90		

步骤三:执行直线命令 ,输入坐标绘制图形。命令行窗口提示如下:

命令:_line
指定第一点:35,40   //输入 A 点的绝对直角坐标
指定下一点或[放弃(U)]:80,40   //输入 B 点的绝对直角坐标
指定下一点或[退出(E)/放弃(U)]:80,60   //输入 C 点的绝对直角坐标
指定下一点或[关闭(C)/退出(X)/放弃(U)]:@50,0   //输入 D 点的相对直角坐标
指定下一点或[关闭(C)/退出(X)/放弃(U)]:@0,−20   //输入 E 点的相对直角坐标
指定下一点或[关闭(C)/退出(X)/放弃(U)]:@45,0   //输入 F 点的相对直角坐标
指定下一点或[关闭(C)/退出(X)/放弃(U)]:@100<120 //输入 G 点的相对极坐标
指定下一点或[关闭(C)/退出(X)/放弃(U)]:@120<90 //输入 H 点的相对极坐标
指定下一点或[关闭(C)/退出(X)/放弃(U)]:@40<120 //输入 J 点的相对极坐标
指定下一点或[关闭(C)/退出(X)/放弃(U)]:@40<−120 //输入 K 点的相对极坐标
指定下一点或[关闭(C)/退出(X)/放弃(U)]:@120<−90 //输入 L 点的相对极坐标
指定下一点或[关闭(C)/退出(X)/放弃(U)]:C   //图形闭合,结束直线命令

步骤四:修改线宽。

移动鼠标到线段上,单击,该线段就会变蓝亮显,表明已被选中。同样方法依次选择绘制的全部线段,通过命令面板上的线宽特性下拉列表,将线段宽度调整为 0.5 mm,如图 1-13 所示。

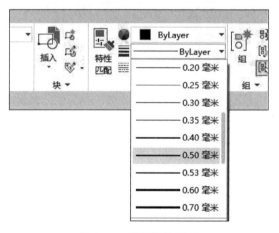

图 1-13 线宽调整窗口

步骤五:保存文件。

单击快速访问工具栏中的 按钮,保存文件。

1.3.3 知识拓展

1. 坐标表示方法

进入 AutoCAD 2020 界面时,系统默认的坐标系统是世界坐标系,坐标系图表中标明了 x 轴和 y 轴的正方向,输入的点就是依据这两个方向来进行定位的。用坐标来定位进行输入时,常使用绝对直角坐标、相对直角坐标、绝对极坐标和相对极坐标四种方法。

(1) 绝对直角坐标是以原点(0,0)为参考定位,用数据表示点沿 x 轴、y 轴的坐标值,坐标值间用英文逗号(",")隔开,即"x,y",如图 1-14(a)中 $A(40,45)$ 所示。

(2) 相对直角坐标是相对于上一点沿 x 轴、y 轴的坐标变化值,其表达时需要在绝对直角坐标表达方式前加上"@"号,即"@$\Delta x,\Delta y$",如图 1-14(a)中 $B(@20,30)$ 所示。

(3) 绝对极坐标是以原点(0,0)为参考定位,用数据表示点到原点的距离(长度 l)以及点与原点连线和 X 轴正向的夹角(角度 θ),坐标值间用小于号("<")隔开,即"$l<\theta$",如图 1-14(b)中 $A(35<134)$ 所示。

(4) 相对极坐标是相对于上一点的距离(长度 l)以及与上一点的连线和 X 轴正向的夹角(角度 θ),其表达时需要在绝对极坐标表达方式前加上"@"号,即"@$l<\theta$",如图 1-14(b)中 $B(@70<24)$ 所示。

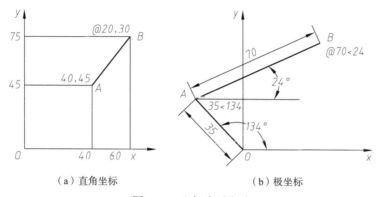

(a) 直角坐标　　　　　　(b) 极坐标

图 1-14　坐标表示方法

以上四种坐标输入方式可以单独使用,也可以混合使用,用户根据具体情况灵活运用。这里需要说明的是,AutoCAD 2020 中状态栏的"动态输入"功能处于"开启"状态时(见图 1-15),系统默认采用的是相对坐标输入,此时采用相对坐标时可省略"@"号;当采用绝对坐标时,需要在坐标值前添加"#"号。AutoCAD 2020 中状态栏的"动态输入"功能处于"关闭"状态时,默认采用绝对坐标。

图 1-15　"动态输入"功能处于"开启"状态

2. 数据输入方法

图形由若干点组成,正确输入点的坐标是精确画图的基础。AutoCAD 2020 提供了三种常用的点输入方法:键盘输入坐标值、鼠标左键单击指定点和捕捉特殊位置点。

(1) 键盘输入坐标值:确定点的坐标值分为绝对坐标和相对坐标,可以使用其中一种给定点的坐标值。当"动态输入"功能处于"开启"状态时,确定点的坐标可直接由键盘输入,坐标值在跟随鼠标位置显示;当"动态输入"功能处于"关闭"状态时,确定点的坐标时,需要在命令行位置由键盘输入,坐标值不跟随鼠标位置显示。

(2) 单击指定点:在绘图窗口中,移动鼠标到某一合适位置后,单击,即可确定该点,此方式只能大概确定点的位置。

（3）捕捉特殊位置点：AutoCAD 2020 提供了栅格、捕捉、极轴、对象捕捉、对象追踪等辅助绘图功能，可以精确定位点在绘图窗口与已有的图形对象具有某种确定位置关系的位置，如相交、同心、平行、垂直等。

3. 对象选择方式

AutoCAD 2020 绘制的图形要素称为对象，系统提供了多种选择对象的方法，用户可以根据需要选择适合的方法。

（1）直接选择方式：这是一种默认的选择对象方法。用户移动鼠标到相应的对象上，单击，该对象就会变蓝亮显，表明该对象已被选中。用此方法可以连续选择多个对象，当选择的图形对象较多时，该方式效率较低。

（2）窗口方式：将鼠标移动到空白区域单击，确定窗口的一个角点，移动鼠标到另一个位置再单击，AutoCAD 2020 自动以两个拾取点为对角点确定一矩形拾取窗口。如果矩形窗口是从左向右定义的，则只有完全在矩形窗口内部的对象会被选中；如果矩形窗口是从右向左定义的，则位于矩形窗口内部及与矩形窗口相交的对象都会被选中。

4. 操作命令

利用 AutoCAD 2020 完成的所有工作都是通过用户对系统发送命令来执行的，用户必须熟练掌握执行命令和结束命令的方法。

1）执行命令

AutoCAD 2020 中执行命令，即激活命令，共有五种方法，以执行"直线"命令为例：

（1）命令面板：选择"默认"选项卡，在"绘图"命令面板上单击直线按钮 ╱ 。

（2）菜单栏：选择"绘图"|"直线"命令。

（3）命令行：输入 Line 或简写 L。

（4）工具栏：在"绘图"工具栏单击直线按钮 ╱ 。

（5）快捷方式：按键盘上的【Enter】键或在绘图区右击，在弹出的快捷菜单中选择"重复"上一个命令。

在激活命令后，一般情况下需要给出坐标或选择参数，比如让用户输入坐标值、设置选项、选择对象等，这时需要用户回应以继续完成执行命令。可以使用键盘、鼠标或快捷菜单来响应命令。

2）结束命令

绘制图样需要多个命令，经常需要结束某个命令后接着执行新命令。有些命令在执行完毕后自动结束，有些命令需要使用相应操作才能结束。结束命令有以下四种方法：

（1）【Enter】键：按键盘上的【Enter】键可以结束命令，也可以确认输入的选项和数值。

（2）空格键：按键盘上的空格键可以结束命令，也可确认除书写文字外的其余选项，这也是最常用的结束命令的方法。

（3）【Esc】键：其功能非常强大，无论命令是否完成，都可通过按【Esc】键结束（或取消）命令，回到命令提示状态下。另外，在编辑图形时，也可通过按【Esc】键取消对已激活对象的选择。

（4）使用快捷菜单：在执行命令过程中，鼠标位于绘图区域，右击，在弹出的快捷菜单中选择"确认"或"取消"均可结束命令。

1.3.4 随堂练习

采用坐标模式绘制下面的图形,如图 1-16 所示。

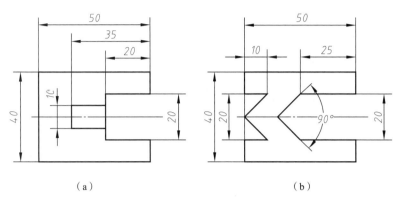

图 1-16 采用坐标模式绘制图形

1.4 使用对象捕捉模式绘制图形

1.4.1 案例介绍和知识要点

使用对象捕捉模式,精确绘制如图 1-17 所示的图形。

知识要点:
(1)对象捕捉的使用方法;
(2)对象捕捉的设置方法。

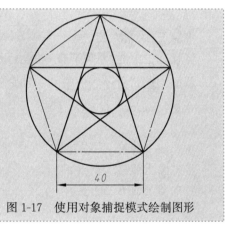

图 1-17 使用对象捕捉模式绘制图形

1.4.2 操作步骤

步骤一:新建文件。

选择 acadiso 样板文件新建图形,设置 A4 图纸横放图形界限,并缩放为全屏显示,保存为"案例 3"。

步骤二:绘制正五边形。

(1)单击"绘图"命令面板中的 按钮,执行正多边形命令。命令行提示如下:

视频

使用对象捕捉模式绘制图形

```
命令:_polygon
输入边的数目<4>:5                        //确定多边形的边数
指定正多边形的中心点或[边(E)]:E          //确定以边长模式绘制正五边形
指定边的第一个端点:50,50                 //指定边的第一个端点
指定边的第二个端点:@40,0                 //指定边的第二个端点,完成绘制
```

绘制好的正五边形如图1-18所示。

(2)单击已绘制好的正五边形,使其变为蓝亮显示,表示该对象已被选中。单击"特性"命令面板中的"线型"下拉按钮,将其调整为CENTER,如图1-19所示。

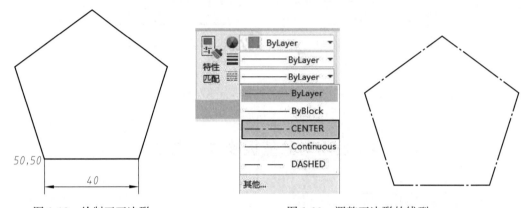

图1-18　绘制正五边形　　　　图1-19　调整五边形的线型

步骤三:绘制大圆。

将状态栏中的"对象捕捉"功能打开,操作如图1-20所示。

单击"绘图"命令面板中的 ⊘ 按钮,执行圆命令。命令行提示如下:

```
命令:_circle 指定圆的圆心或[三点(3P)/两点(2P)/切点、切点、半径(T)]:3P
                                         //确定三点方式画圆
指定圆上的第一个点:                      //鼠标移动到端点A,单击
指定圆上的第二个点:                      //鼠标移动到端点B,单击
指定圆上的第三个点:                      //鼠标移动到端点C,单击
```

图1-20　状态栏

绘制好的图形如图1-21所示。

步骤四:绘制五角星。

单击"绘图"命令面板上的 ╱ ,执行直线命令,命令行提示如下:

命令:_line
指定第一个点: //鼠标移动到端点 A,单击
指定下一个点或[放弃(U)]:   //鼠标移动到端点 D,单击
指定下一个点或[退出(E)/放弃(U)]:   //鼠标移动到端点 B,单击
指定下一个点或[关闭(C)/退出(X)/放弃(U)]:   //鼠标移动到端点 E,单击
指定下一个点或[关闭(C)/退出(X)/放弃(U)]:   //鼠标移动到端点 C,单击
指定下一个点或[关闭(C)/退出(X)/放弃(U)]:   //鼠标捕捉端点 A,按【Enter】键

绘制好的图形如图 1-22 所示。

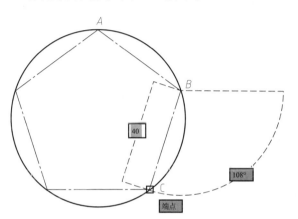

图 1-21 对象捕捉模式三点画圆

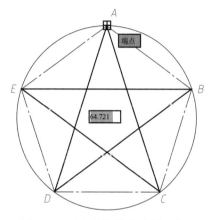

图 1-22 对象捕捉模式绘制五角星

步骤五: 绘制小圆。

单击"绘图"命令面板中的 ⊙ 按钮,执行圆命令,命令行提示如下:

命令:_circle
指定圆的圆心或[三点(3P)/两点(2P)/切点、切点、半径(T)]: //鼠标捕捉大圆的圆心
指定圆的半径或[直径(D)]<34.3608>: //鼠标捕捉交点

对象捕捉模式绘制小圆如图 1-23(a)、(b)所示。

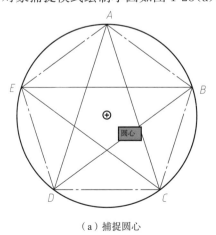

(a)捕捉圆心

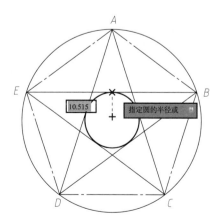

(b)捕捉交点(半径)

图 1-23 对象捕捉模式绘制小圆

步骤六：修改线宽。

单击或窗选大圆、小圆和五角星，其会变蓝亮显，表示这些对象已被选中。单击"特性"命令面板中的"线宽"下拉按钮，将其调整为 0.5 mm，完成图形绘制，如图 1-24 所示。

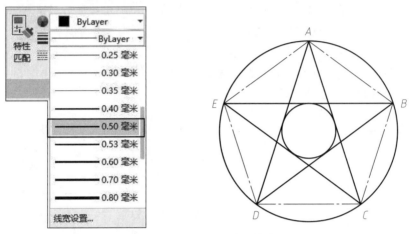

图 1-24　调整粗实线的线宽

步骤七：保存文件。

单击快速访问工具栏中的 ■ 按钮，即可保存文件。

1.4.3　知识拓展

1. 对象捕捉功能

对象捕捉功能是 AutoCAD 最有用的特性之一。在绘图过程中，经常要指定一些已有对象上的点，如端点、圆心、中点、交点等。如果仅凭观察来拾取，不可能非常准确地找到这些点。为此，AutoCAD 提供了对象捕捉功能，只需将光标指向该对象，特定点处即可出现一个标记，单击该标记处即可确定点的位置，从而迅速、准确地捕捉到这些特定点，精确地绘制图形。

对象捕捉是在已有对象上精确地定位特定点的一种辅助工具，它不是 AutoCAD 的主命令，不能在命令行提示符下单独执行，只能在执行绘图命令或编辑命令的过程中，需要确定点的位置时，才可执行捕捉。对象捕捉模式又可分为自动捕捉和快捷菜单捕捉。

1) 自动捕捉

自动捕捉就是把光标放在一个对象上时，系统自动捕捉到对象上所有符合条件的几何特征点，并显示相应标记。如果光标放在捕捉点上多停留一会儿，系统还会显示捕捉的提示。这样在选点之前就可以预览和确认捕捉点。

激活和设置自动捕捉功能，有以下 3 种方式：

(1) 状态栏：移动鼠标至状态栏的 ■ 处，右击，弹出如图 1-25 所示快捷菜单，选择想要捕捉的特征点即可（前方打钩表示已激活）。

图 1-25　"对象捕捉"状态栏快捷菜单

（2）草图设置对话框：在图 1-25 中选择"对象捕捉设置"命令，弹出"草图设置"对话框，如图 1-26 所示。在"对象捕捉"选项卡中选中"启用对象捕捉"复选框，即表示打开自动捕捉功能，在"对象捕捉模式"栏中选择想要启用的特征点捕捉方式后，单击"确定"按钮。

（3）绘图设置对话框：选择菜单栏中的"工具"|"绘图设置"命令，也可以弹出"草图设置"对话框进行设置，方法同上。

这样，在执行对象捕捉的过程中，系统就会自动捕捉设置好的目标特征点。在状态栏的 ▢ 处单击，按钮处于"按下"状态时，自动捕捉功能打开，反之关闭。按键盘上的功能键【F3】同样可以打开和关闭自动捕捉功能。

2）快捷菜单捕捉

在绘图过程中，经常使用的特征点（端点、交点、圆心等）适合设置为自动捕捉。为避免全部特征点激活后彼此干扰，影响绘图效率，AutoCAD 提供了一种快捷菜单捕捉。

执行命令过程中，当命令行提示指定一个点时，按住【Shift】键不放，在屏幕绘图区右击，弹出快捷菜单，如图 1-27 所示。在该菜单中选择特征点捕捉方式，快捷菜单即消失，此时将鼠标移动到要捕捉的点附近时，会出现相应的捕捉点标记，单击，就会精确地捕捉到这个点。

图 1-26 "草图设置"对话框　　　　图 1-27 "对象捕捉"快捷菜单

执行快捷菜单中的捕捉功能时，自动捕捉功能暂时关闭，所选择的特征点捕捉方式不受其他特征点干扰，执行一次捕捉后随即失效，自动捕捉功能恢复打开。因此，快捷菜单捕捉也被称为临时捕捉，适用于捕捉不经常使用的特征点，如切点、中点等。

2. 特征点对象捕捉方式及功能

在 AutoCAD 中，常用特征点对象捕捉方式及功能如表 1-2 所示。

表 1-2　常用特征点对象捕捉方式及功能

选　项	名　称	功　能	捕 捉 标 记
端点	捕捉到端点	可以捕捉离光标最近几何对象的端点或角点	□
中点	捕捉到中点	可以捕捉离光标最近几何对象的中点	△
圆心	捕捉到圆心	可以捕捉离光标最近圆弧、圆、椭圆或椭圆弧的圆心	⊕
几何中心	捕捉到质心	可以捕捉离光标最近的任意闭合多段线和样条曲线的质心	✻
节点	捕捉到节点	可以捕捉离光标最近的点对象、标注定义点或标注文字原点	⊗
象限点	捕捉到象限点	可以捕捉离光标最近的圆或椭圆的象限点，圆和椭圆均有 4 个象限点	◇
交点	捕捉到交点	可以捕捉离光标最近两图线的交点	×
垂足	捕捉到垂足	可以捕捉外面一点到指定图线的垂足	⊥
切点	捕捉到切点	可以捕捉直线与圆、圆弧或圆弧与圆弧的切点，切点既可以作为第一个输入点，也可以作为第二个输入点	○
最近点	捕捉到最近点	可以捕捉一个对象上离光标中心最近的点，常用于非精确绘图	⊠
外观交点	捕捉到外观交点	可以捕捉到两条不相交直线的延伸交点，也可以捕捉到直线和圆弧的延伸交点	⊠
平行	捕捉到平行	可以捕捉到与指定直线平行的线上的点，这种捕捉方式只能用在直线上。它作为点坐标的智能输入，不能用作第一输入点，只能作为第二输入点	∥

1.4.4　随堂练习

利用对象捕捉准确绘制如图 1-28 所示的图形。

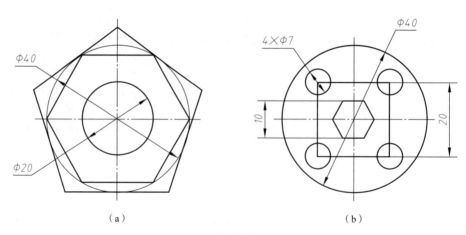

（a）　　　　　　　　　　　　　（b）

图 1-28　对象捕捉图形练习

1.5 使用极轴追踪模式绘制图形

1.5.1 案例介绍和知识要点

使用极轴追踪模式,精确绘制图1-29所示的图形。

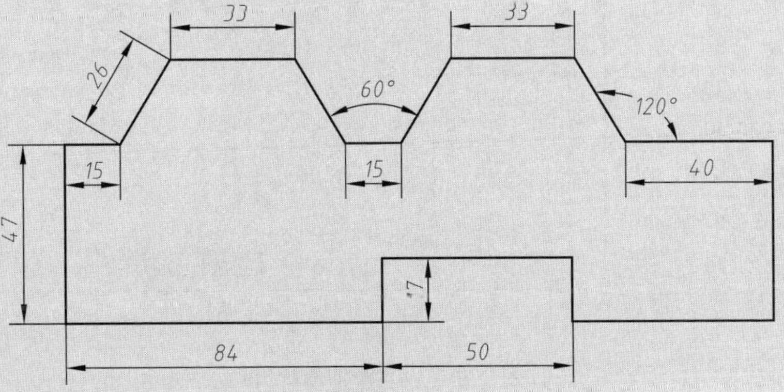

图1-29 使用极轴追踪模式绘制图形

知识要点：
(1)掌握极轴追踪的设置方法。
(2)掌握对象捕捉追踪的使用方法。
(3)掌握使用极轴追踪模式确定点的方法。

1.5.2 操作步骤

使用极轴追踪模式绘制图形

步骤一：新建文件。

选择acadiso样板文件新建图形,设置A4图纸横放图形界限,并缩放为全屏显示,保存为"案例4"。

步骤二：设置极轴追踪模式。

(1)单击状态栏中的"极轴追踪"按钮 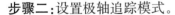,使其亮显,即可打开极轴追踪功能。

(2)单击"极轴追踪"按钮 右侧的下拉按钮,或右击"极轴追踪"按钮 ,均可弹出增量角快捷菜单,选择"30,60,90,120…",完成设置,如图1-30(a)所示。或者从快捷菜单中选择"正在追踪设置"命令,弹出"草图设置"对话框,如图1-30(b)所示。切换至"极轴追踪"选项卡,从"增量角"下拉列表中选择30选项,单击"确定"按钮,完成设置。

步骤三：绘制图形。

(1)在对象"特性"命令面板中,单击"线宽"下拉按钮,将线宽调整为0.5 mm。

(2)执行直线命令,在绘图区域合适位置单击,确定左下角点的位置。

(3)水平向右移动光标,鼠标旁出现极轴追踪的"点线",极轴角显示为0°,如图1-31所示,

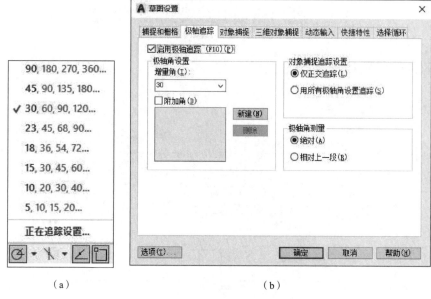

(a)　　　　　　　　　　　　　(b)

图 1-30　设置极轴增量角

输入 84,按【Enter】键。

(4)竖直向上移动光标,极轴角显示为 90°,如图 1-32 所示,输入 17,按【Enter】键。

(5)水平向右移动光标,极轴角显示为 0°,如图 1-33 所示,输入 50,按【Enter】键。

(6)竖直向下移动光标,极轴角显示为 90°,如图 1-34 所示,输入 17,按【Enter】键两次。

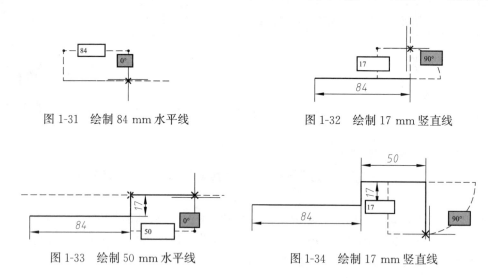

图 1-31　绘制 84 mm 水平线　　　　　图 1-32　绘制 17 mm 竖直线

图 1-33　绘制 50 mm 水平线　　　　　图 1-34　绘制 17 mm 竖直线

(7)继续执行直线命令,捕捉最左侧端点,单击确定直线段的起点,如图 1-35 所示。

(8)竖直向上移动光标,极轴角显示为 90°,如图 1-36 所示,输入 47,按【Enter】键。

(9)水平向右移动光标,极轴角显示为 0°,如图 1-37 所示,输入 15,按【Enter】键。

(10)向右上方移动光标,极轴角显示为 60°,如图 1-38 所示,输入 26,按【Enter】键。

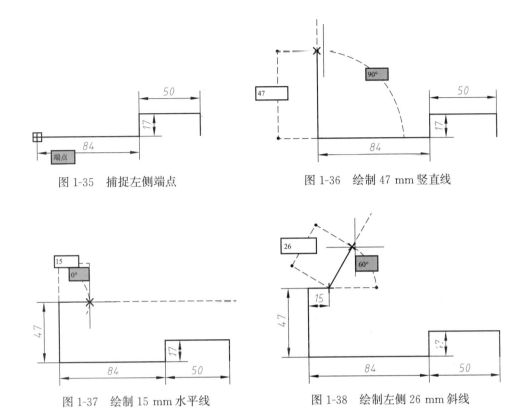

图 1-35　捕捉左侧端点

图 1-36　绘制 47 mm 竖直线

图 1-37　绘制 15 mm 水平线

图 1-38　绘制左侧 26 mm 斜线

(11) 水平向右移动光标,极轴角显示为 0°,如图 1-39 所示,输入 33,按【Enter】键。

(12) 向右下方移动光标,极轴角显示为 60°,移动鼠标捕捉左侧线段端点,水平向右移动光标,在对象捕捉追踪和极轴追踪的交点处单击,如图 1-40 所示。

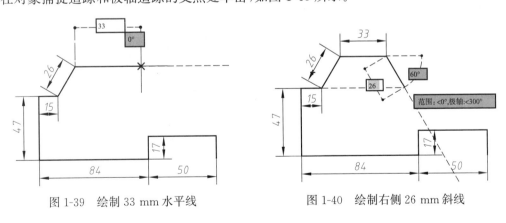

图 1-39　绘制 33 mm 水平线

图 1-40　绘制右侧 26 mm 斜线

(13) 重复第(9)、(10)、(11)、(12) 四个步骤,绘制的图形如图 1-41 所示。

(14) 水平向右移动光标,极轴角显示为 0°,如图 1-42 所示,输入 40,按【Enter】键。

(15) 竖直向下移动光标,极轴角显示为 90°,移动鼠标捕捉左侧线段端点,水平向右移动光标,在对象捕捉追踪和极轴追踪的交点处单击,如图 1-43 所示。

(16) 水平向左移动光标,捕捉左侧线段端点,按【Enter】键完成图形绘制,如图 1-44 所示。

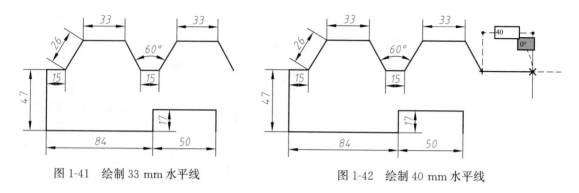

图 1-41 绘制 33 mm 水平线　　　　图 1-42 绘制 40 mm 水平线

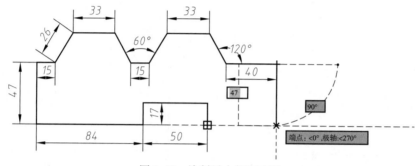

图 1-43 绘制最右侧竖直线

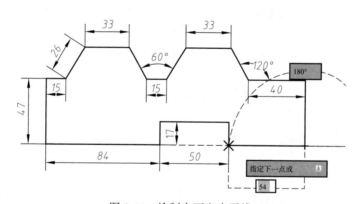

图 1-44 绘制右下方水平线

1.5.3　知识拓展

在使用自动追踪时,光标将沿着一条临时路径确定图上关键点的位置,自动追踪包括极轴追踪和对象捕捉追踪两种。

1. 极轴追踪

通过单击状态栏上的"极轴追踪"按钮 ⌖ ,使其亮显,即可打开极轴追踪。极轴追踪强迫光标沿着"增量角"中指定的路径移动,例如,选择"增量角"为 30,光标将沿着与 30°及其整数倍角度平行的路径移动,并且出现一个显示距离与角度的工具提示栏。

使用"极轴追踪"模式时,在确定第一点后,绘图窗口内才显示表示极轴的点线。

2. 对象捕捉追踪

对象捕捉追踪能够以图形对象上的某些特征点作为参照点来追踪其他位置的点。

通过单击状态栏中的"对象捕捉追踪"按钮 ∠，使其亮显，可打开对象捕捉追踪，并将"对象捕捉"功能打开才能使用。选择菜单栏中的"工具"|"绘图设置"命令，在弹出的"草图设置"对话框的"对象捕捉"选项卡中选中"启用对象捕捉"复选框和"启用对象捕捉追踪"复选框，也可激活对象捕捉追踪功能，如图 1-45 所示。

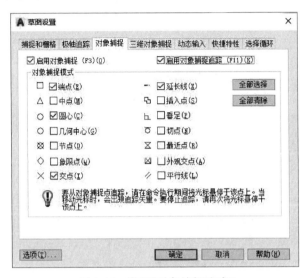

图 1-45　设置"对象捕捉追踪"

执行对象捕捉追踪时，可以产生基于对象捕捉点的临时追踪线，因此，该功能与对象捕捉功能相关，两者需要同时打开才能使用，而且对象捕捉追踪只能追踪"对象捕捉"中设置的自动对象捕捉点。

1.5.4　随堂练习

利用极轴追踪模式绘制如图 1-46 所示的图形。

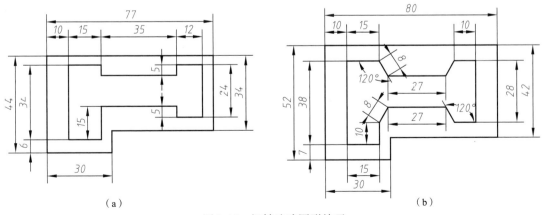

图 1-46　极轴追踪图形练习

1.6 建立基础样板文件

1.6.1 案例介绍和知识要点

本案例要求完成:
(1)设置绘图界限为 A3(420,297)。
(2)设置图形单位,长度类型为毫米(mm),精度为 0.00;角度类型为十进制,精度为 0.0,逆时针为正。
(3)设置图层及其颜色、线型、线宽,见表 1-3。

表 1-3　图层及其颜色、线型、线宽

图层名	颜色	线型	线宽
粗实线	白	Continuous	0.5 mm
细实线	红	Continuous	0.25 mm
虚线	黄	Hidden	0.25 mm
中心线	青	Center	0.25 mm

(4)绘制边框及标题栏,如图 1-47 所示。

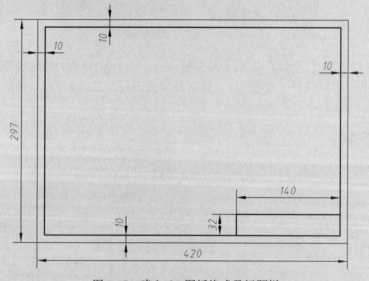

图 1-47　建立 A3 图纸格式及标题栏

知识要点:
(1)图形界限的设置方法。
(2)绘图单位的设置方法。
(3)图层的设置方法。
(4)样板文件保存及使用方法。

1.6.2 操作步骤

视频

建立样板文件

步骤一:新建文件。

新建绘图文件。

步骤二:设置图纸幅面。

(1)选择菜单栏中的"格式"|"图形界限"命令,或者在命令行输入 limits,设置 A3 图纸横向放置的图形界限。

(2)输入"0,0",按【Enter】键确定左下角点。

(3)输入"420,297",按【Enter】键确定右上角点。

命令行窗口提示:

命令:_limits

指定左下角点或[开(ON)/关(OFF)]<0.0000,0.0000>:0,0　　//确定左下角点

指定右上角点<420.0000,297.0000>:420,297　　//确定右上角点

(4)选择菜单栏中的"视图"|"缩放"|"全部"命令完成视图缩放显示。

命令行窗口提示:

命令:_zoom

指定窗口的角点,输入比例因子(nX 或 nXP)或者

[全部(A)/中心(C)/动态(D)/范围(E)/上一个(P)/比例(S)/窗口(W)/对象(O)]<实时>:_all

步骤三:设置栅格。

(1)单击状态栏中的"栅格"按钮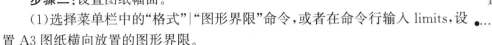,激活栅格捕捉功能,绘图区域显示矩形栅格线,利用栅格可以对齐对象并直观显示对象之间的距离。栅格类似于在图形下放置一张坐标纸。

(2)右击"栅格"按钮,在弹出的快捷菜单中选择"网格设置"命令,弹出"草图设置"对话框,如图 1-48 所示。取消选中"显示超出界限的栅格"复选框,单击"确定"按钮,此时仅在 A3 图形界限范围内显示栅格。用户也可以根据需要调整栅格间距和捕捉间距,本例中采用默认设置。

步骤四:设置单位。

(1)选择菜单栏中的"格式"|"单位"命令,弹出"图形单位"对话框,如图 1-49 所示。

(2)在"长度"栏中,从"类型"下拉列表中选择"小数"选项,从"精度"下拉列表中选择 0.000 选项。

(3)在"角度"栏中,从"类型"下拉列表中选择"十进制度数"选项,从"精度"下拉列表中选择 0 选项。

(4)系统默认逆时针方向为正,若选中"顺时针"复选框,将修改为顺时针方向为正。

(5)单击"图形单位"对话框中的"方向"按钮,弹出"方向控制"对话框,如图 1-50 所示。系统默认为"东"方向,即 X 轴正方向为 0°,单击"确定"按钮。

步骤五:新建图层。

选择菜单栏中的"格式"|"图层"命令,弹出"图层特性管理器"对话框。也可以单击命令面板中"图层"面板(见图 1-51)中的"图层特性"按钮,弹出"图层特性管理器"对话框,如图 1-52 所示。

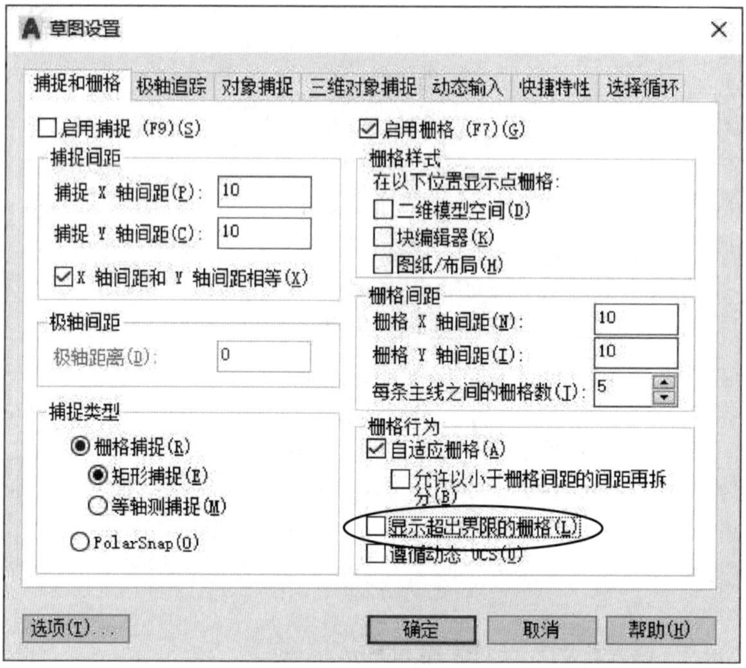

图 1-48　栅格和捕捉设置

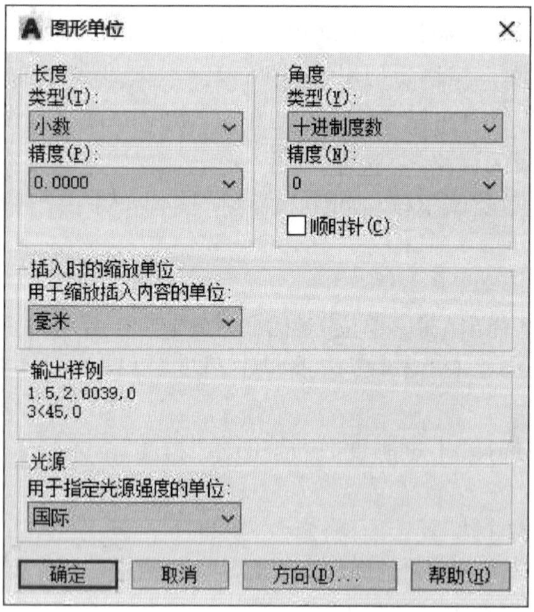

图 1-49　"图形单位"对话框 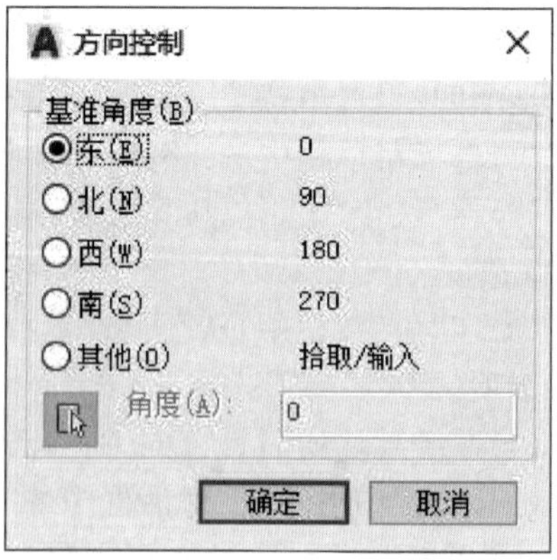　　　　图 1-50　"方向控制"对话框

（1）设置图层名称。单击"新建图层"按钮 ，在建立的新图层名称处输入"粗实线"，如图 1-52 所示。图层名称应与该图层对象特性一致，以便在使用时能正确地选用图层。

图 1-51 "图层"面板

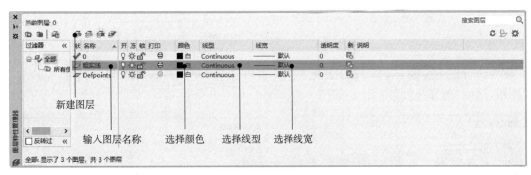

图 1-52 新建图层并修改图层名称

(2) 设置图层颜色。单击粗实线图层"颜色"选项卡下的颜色色块,弹出"选择颜色"对话框,如图 1-53 所示。AutoCAD 提供了丰富的颜色供用户选择,绘图时为便于区分,从索引色选择即可。本例中选择白色,单击"确定"按钮。

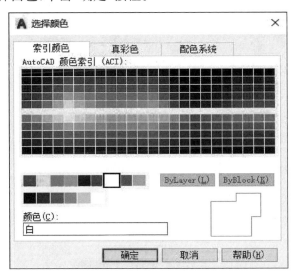

图 1-53 设置图层颜色

(3) 设置图层线型。单击粗实线图层"线型"选项下的线型选项,弹出"选择线型"对话框,如图 1-54 所示。选择 Continuous,单击"确定"按钮。

对于虚线和中心线图层,需要将其所用线型加载到当前图形中才可使用。单击"选择线型"对话框中的"加载"按钮,弹出"加载或重载线型"对话框,如图 1-55 所示。选择 CENTER 作为中心线线型,单击"确定"按钮,返回"选择线型"对话框。

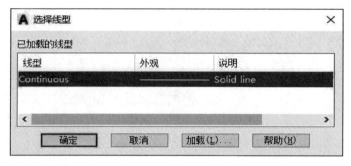

图1-54 设置图层线型

重复执行以上步骤,选择 HIDDEN 线型(也可选择 DASHED 作为虚线线型),单击"确定"按钮,返回"选择线型"对话框,如图 1-56 所示。

图1-55 加载图层线型

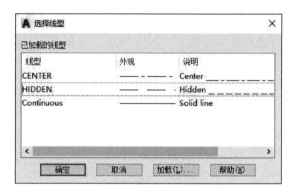

图1-56 加载线型后的"选择线型"对话框

(4)设置图层线宽。单击粗实线图层"线宽"选项卡下的线宽选项,弹出"线宽"对话框,如图 1-57 所示。选择 0.5 mm 线宽,单击"确定"按钮,完成线宽设置。

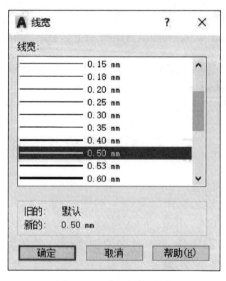

图1-57 设置图层线宽

(5)设置其余图层。按照同样的方法建立细实线、中心线和虚线图层,并完成颜色、线型和线宽设置,如图 1-58 所示。

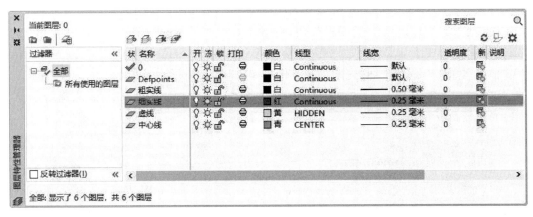

图 1-58 建立的图层信息

步骤六:绘制图纸幅面、图框和标题栏外框。

1)绘制 A3 图纸横向放置幅面

(1)单击命令面板"图层"的下拉按钮,选择"细实线"选项(见图 1-59),将"细实线"设置为当前图层。

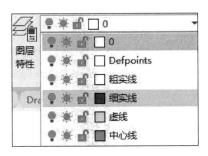

图 1-59 设置"细实线"为当前图层

(2)单击"绘图"命令面板中的"矩形"按钮 ▭ ,绘制 A3 图纸矩形边框。

①利用键盘输入"0,0",按【Enter】键确定矩形第一个角点。

②输入"420,297",按【Enter】键确定另一个对角点。

2)绘制 A3 图纸的图框

(1)将"粗实线"设置为当前图层。

(2)单击"矩形"按钮 ▭ ,输入"10,10",按【Enter】键确定矩形第一个角点;输入"410,287",按【Enter】键确定另一个对角点。

3)绘制 A3 图纸的标题栏外框

单击"矩形"按钮 ▭ ,捕捉图框右下角点键确定矩形第一个角点;输入@-140,32,按【Enter】键确定另一个对角点。

提示:完成图形绘制后,若图形中没有显示"线宽"信息,则需要单击状态栏中的 ≡ 按钮,将"线宽"功能激活,即可显示图形对象的线宽特性。

步骤七:保存为样板文件。

单击快速访问工具栏中的 🖫 按钮,弹出"图形另存为"对话框,"文件类型"选择"AutoCAD 图形样板(*.dwt)","保存于"采用系统默认的 Template 文件夹,输入"文件名"为"A3 横放",单击"保存"按钮,完成样板文件制作,如图 1-60 所示。

图 1-60 "图形另存为"对话框

1.6.3 知识拓展

1. 样板文件的作用

样板文件的作用在于可以把每次绘图都要进行的各种重复性工作以样板文件的形式保存下来,如图形界限、绘图单位、图层、线型、线宽、文字样式、标注样式等的设置,以及图纸格式、标题栏等信息。下次绘图时,可直接使用样板文件的这些内容,既能避免重复劳动,提高绘图效率,也能保证各种图形文件的一致性。样板文件的扩展名为"*.dwt"。

2. 图层的基本操作及图层的状态

在图形文件中,系统对图层数没有限制,对每一图层上的实体数也没有任何限制。每一个图层都应有不同的名字加以区别,当开始新建图形文件时,AutoCAD 2020 会自动生成层名为"0"的图层,其余图层需要由用户自己定义。通过"图层特性管理器"对话框,可以进行新建图层、删除图层、命名图层等操作。"图层特性管理器"对话框用来设置图层的特性,允许用户建立多个图层,但绘图只能在当前图层上进行。

在"图层特性管理器"对话框中可以控制图层的状态,如图层打开(关闭)、解冻(冻结)、解锁(锁定)等,这些在"图层"工具栏中也有显示,同样可以控制图层状态。

(1)打开(关闭)图层 💡(💡):当图层打开时,该图层上绘制的图形是可见的,并且可以打印。当图层关闭时,该图层上绘制的图形是不可见的,且不能打印。

(2)解冻(冻结)图层 ☀(❄):可以冻结模型空间所有视口中选定的图层。冻结图层可以加快缩放、平移和许多其他操作的运行速度,便于对象的选择并减少复杂图形重生成的时间。冻结图层上的实体对象在绘图窗口中不显示、不能打印,也不参与重生成对象。可以冻结除当前层外所有的图层,已冻结的图层不能设为当前层。

(3)解锁(锁定)图层 🔓(🔒):用于解锁和锁定图层,不能编辑锁定图层中的对象,但是可以查看对象信息。当不需要编辑图层中的对象时,可以将图层锁定以避免不必要的误操作。

(4)打印(不打印)图层对象 🖨(🖨):用于确定本图层是否参与打印。

3. 线型设置

绘图时,经常要使用不同的线型,如虚线、中心线、细实线、粗实线等。AutoCAD 提供了丰富的线型,用户根据需要从中选择线型加载到图形文件中即可使用。

在使用各种线型绘图时,默认的线型比例是 1,以 A3 图纸作为基准。在不同的图形界限下绘图时,除了 Continuous 线型外,各种线型在屏幕上显示的效果不一样。当图形界限缩小或放大时,中心线、虚线等线型可能会显示为一条实线,此时需要通过改变线型比例来调整线型的显示效果。

1.6.4　随堂练习

分别建立图 1-61 所示 A4 图纸横放留装订边和 A4 图纸竖放不留装订边的样板文件,并保存为"A4 横装订"和"A4 竖不装订"。

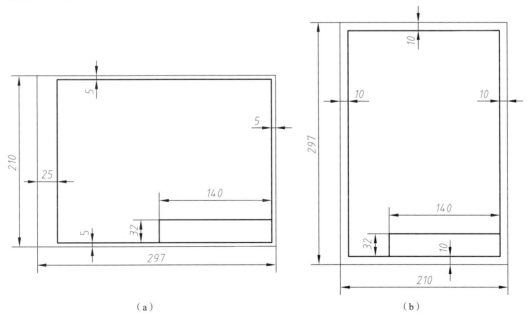

(a)　　　　　　　　　　　　　　　(b)

图 1-61　A4 图纸格式

1.7 上机练习

请绘制图 1-62 所示图形。

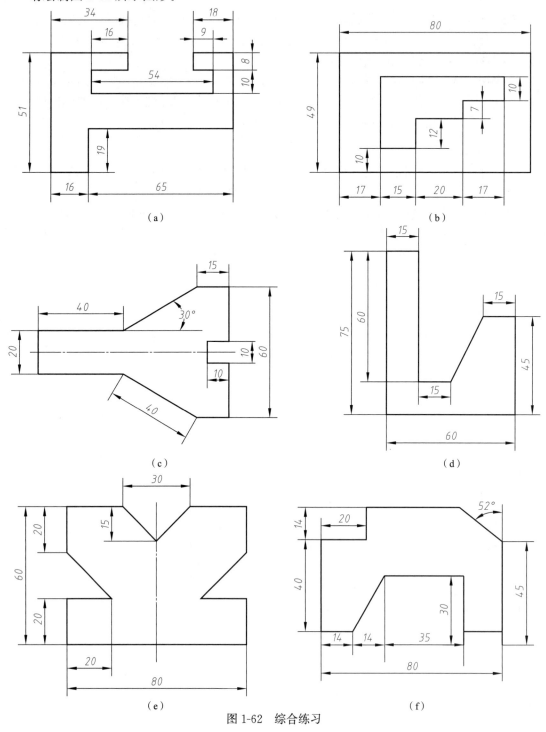

图 1-62 综合练习

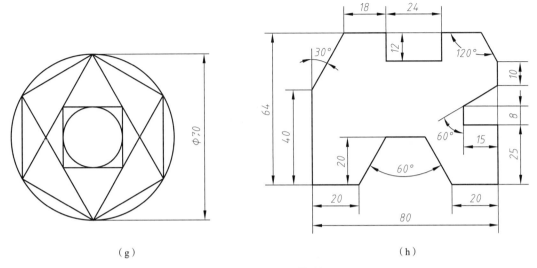

(g) (h)

图 1-62 综合练习(续)

第 2 章　绘制平面图形

平面图形是由若干直线、圆弧封闭连接组合而成的。各组成线段之间可能彼此相交、相切或等距。要用 AutoCAD 准确、快速地绘制一个平面图形，特别是较复杂的平面图形，必须先对平面图形做尺寸和线段分析，然后按照适当的方法和步骤绘制。

2.1　绘制连接片

2.1.1　案例介绍和知识要点

绘制图 2-1 所示的连接片图形。

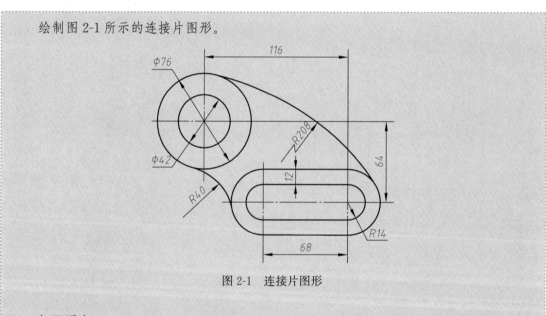

图 2-1　连接片图形

知识要点：
(1) 平面图形的尺寸和线段分析方法。
(2) 直线、圆、圆弧等绘图命令。
(3) 偏移、修剪、圆角等修改命令。

视频
绘制连接片

2.1.2　平面图形的尺寸分析和线段分析

1. 尺寸分析

(1) 尺寸基准，如图 2-2(a) 所示。
(2) 定位尺寸，如图 2-2(b) 所示。
(3) 定形尺寸，如图 2-2(c) 所示。

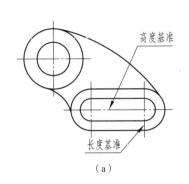 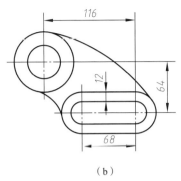 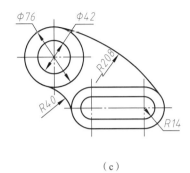

(a)　　　　　　　　(b)　　　　　　　　(c)

图 2-2　尺寸分析

2. 线段分析

(1) 已知线段，如图 2-3(a)所示。

(2) 连接线段，如图 2-3(b)所示。

2.1.3　操作步骤

步骤一：新建文件。

利用建立的"A4 横装订"样板文件新建图形，保存为"2－1 连接片"。

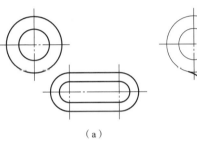

(a)　　　　　　　　(b)

图 2-3　线段分析

步骤二：绘制基准线。

选择中心线层，执行直线(Line)命令，绘制基准线，如图 2-4 所示。

步骤三：绘制已知线段。

(1) 选择粗实线层，执行圆(Circle)命令，选择"圆心、半径"方式绘制左侧 $\phi76$、$\phi42$ 和右侧 $R14$ 的两个圆。

(2) 执行直线(Line)命令，绘制 $R14$ 两个圆的公切线，如图 2-5(a)所示。

(3) 执行修剪(Trim)命令，以两条公切线为剪切边界，将 $R14$ 的两圆修剪为半圆，如图 2-5(b)所示。

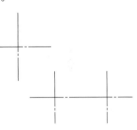

图 2-4　绘制基准线

(4) 执行偏移(Offset)命令，输入偏移距离为 12，选择上方公切线及线外一点，偏移直线，如图 2-5(c)所示。

(5) 依次选择最右侧 $R14$ 半圆弧、下方公切线、左侧 $R14$ 的半圆弧完成偏移，如图 2-5(d)所示。

步骤四：绘制连接线段。

(1) 执行"相切、相切、半径"圆命令，分别单击 $\phi76$ 圆的右上部和最右侧圆弧的右上部分(大约切点处)，确定切点，输入数值 208，按【Enter】键，完成 $R208$ 完整圆弧的绘制，如图 2-6(a)所示。

(2) 执行"相切、相切、半径"圆命令，分别单击 $\phi76$ 圆的左下部和左侧圆弧的左下部分(大约切点处)，确定切点，输入数值 40，按【Enter】键，完成 $R40$ 完整圆弧的绘制，如图 2-6(a)所示。

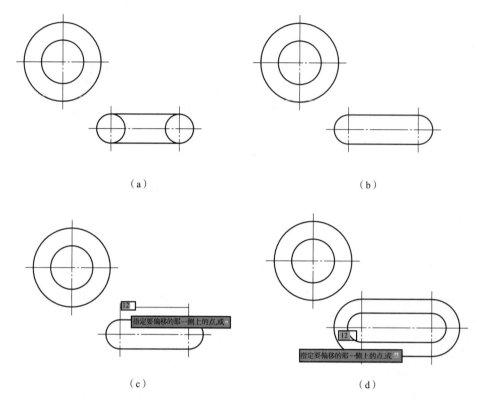

图 2-5 绘制已知线段

(3)执行修剪(Trim)命令,单击选择 $\phi 76$ 圆、下方右侧圆弧和 $R14$ 左侧圆弧,作为剪切边界,按【Enter】键,分别单击要修剪掉的 2 段圆弧,如图 2-6(b)所示,按【Enter】键结束。

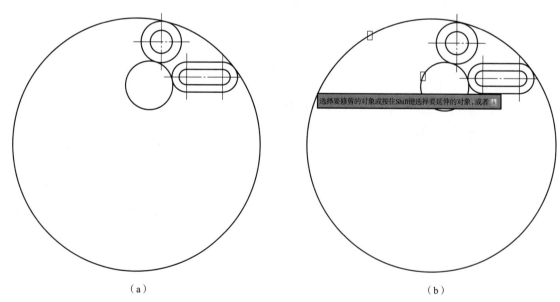

图 2-6 绘制连接线段并整理图形

步骤五:保存文件。

单击快速访问工具栏中的 按钮,保存文件,完成绘图。

2.1.4 知识拓展

1. 平面图形

平面图形是由直线、圆和圆弧连接而成的,要正确画出平面图形,必须对平面图形尺寸和线段连接关系进行分析,确定线段性质,明确作图顺序,才能正确地画出图形。

1)平面图形的尺寸分析

(1)尺寸基准:标注尺寸的起点称为尺寸基准,简称基准。在平面图形中,有长度方向和高度方向两个尺寸基准,相当于空间直角坐标系中的 X 坐标和 Y 坐标,一般由图形的对称中心线、较大圆的中心线、底边、侧边等作为尺寸基准。如图 2-7 所示手柄,选择左侧边作为长度方向的尺寸基准,选择对称中心线作为高度方向的尺寸基准。

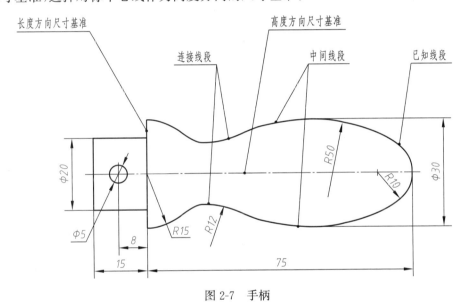

图 2-7 手柄

(2)定形尺寸:确定平面图形中各几何元素形状大小的尺寸,称为定形尺寸。例如,直线段长度、圆弧直径或半径、角度大小等都是定形尺寸。如图 2-7 所示,圆的直径尺寸 $\phi5$、$\phi20$,四个圆弧的半径尺寸 $R15$、$R12$、$R50$、$R10$,直线的长度尺寸 15 均为定形尺寸。

(3)定位尺寸:确定平面图形中各几何元素相对位置的尺寸,称为定位尺寸。平面图形的位置一般需要水平和垂直两个方向的定位,或以极坐标的形式定位,标注长度加角度。如图 2-7 所示,尺寸 8 确定了 $\phi5$ 的圆心到长度方向基准的距离;尺寸 75 确定了 $R10$ 圆弧到长度方向基准的最大距离,由此可确定 $R10$ 圆弧的圆心位置;尺寸 $\phi30$ 确定了 $R50$ 圆弧到高度方向基准的最大距离。以上尺寸均为定位尺寸。

2)平面图形的线段分析

根据平面图形中各线段(圆、圆弧、直线等)的定型尺寸和定位尺寸是否齐全,可将线段分为已知线段、中间线段和连接线段。

(1) 已知线段:在平面图形中,线段具有完整的定形尺寸和定位尺寸,画图时根据图形中所标注的尺寸直接能够画出的线段,称为已知线段。图 2-7 所示的手柄中,由 $\phi 20$、$\phi 5$、15、8 和 $R15$ 确定的均为已知线段;$R10$ 的圆心位置由尺寸 75 确定,因而也是已知线段。

(2) 中间线段:在平面图形中,线段具有定形尺寸和一个方向的定位尺寸,由该线段与相邻已知线段的几何关系求出另一定位尺寸才能画出的线段,称为中间线段。图 2-7 所示的手柄中,圆弧 $R50$ 高度方向的定位尺寸由 $\phi 30$ 确定,而长度方向的定位尺寸未知,需要由该圆弧与 $R10$ 相内切的几何关系求出。

(3) 连接线段:在平面图形中,线段仅有定形尺寸,而没有定位尺寸,画图时需要根据图形中的两个连接关系才能画出的线段,称为连接线段。如图 2-7 所示手柄中的 $R12$,长度方向和高度方向的定位尺寸均未知,由该圆弧与 $R15$ 和 $R50$ 相外切来确定。

绘制平面图形时,首先对图形的尺寸和线段进行分析,确定已知线段、中间线段和连接线段。画图时先画已知线段,再画中间线段,最后画连接线段。

2. 六种画圆命令

1) 启动圆命令的方式

单击"绘图"命令面板中的"圆"按钮 ⊙,执行圆(Circle)命令。

2) 选项说明

(1) 圆心、半径:默认状态下,指定圆心,输入半径值即可完成画圆。也可以直接指定点,此点与圆心的距离即决定圆的半径,如图 2-8(a)所示。

命令行窗口提示:

命令:_circle

指定圆的圆心或 [三点(3P)/两点(2P)/切点、切点、半径(T)]://指定点或输入坐标

指定圆的半径或 [直径(D)]:   //指定半径或输入选项

(2) 圆心、直径:默认状态下,指定圆心,输入 D 或单击"直径(D)"选项,此时输入直径值即可完成画圆。也可以直接指定点,此点与圆心的距离即决定圆的直径,如图 2-8(b)所示。

命令行窗口提示:

命令:_circle

指定圆的圆心或 [三点(3P)/两点(2P)/切点、切点、半径(T)]://指定点或输入坐标

指定圆的半径或 [直径(D)]: D   //输入直径选项 D

指定圆的直径: //指定或输入直径

(3) 三点(3P):单击"三点(3P)"选项,激活三点画圆方式(不共线的三点可唯一确定一个圆),依次指定圆上的第一个点、第二个点和第三个点,如图 2-8(c)所示。

命令行窗口提示:

命令:_circle

指定圆的圆心或 [三点(3P)/两点(2P)/切点、切点、半径(T)]:3P //输入选项三点

指定圆上的第一个点: //指定或输入第一个点

指定圆上的第二个点: //指定或输入第二个点

指定圆上的第三个点: //指定或输入第三个点

(4)两点(2P):单击"两点(2P)"选项,激活两点画圆方式(两点确定圆的直径),依次指定圆的直径的第一个端点、第二个端点,如图 2-8(d)所示。

命令行窗口提示:

命令:_circle

指定圆的圆心或 [三点(3P)/两点(2P)/切点、切点、半径(T)]:2P   //输入选项两点

指定圆直径的第一个端点: //指定或输入第一个点

指定圆直径的第二个端点: //指定或输入第二个点

(5)相切、相切、半径(T):单击"切点、切点、半径(T)"选项,指定对象与圆的第一个切点,在大约相切的位置选择圆、圆弧或直线,此时对象上会出现"相切"符号 ⊙ ,并显示"递延切点";指定对象与圆的第二个切点,同样在大约相切的位置选择圆、圆弧或直线,此时对象上又会出现"相切"符号 ⊙ ,并显示"递延切点";指定或输入圆的半径即可完成画圆,如图 2-8(e)所示。

命令行窗口提示:

命令:_circle

指定圆的圆心或 [三点(3P)/两点(2P)/切点、切点、半径(T)]:T   //输入选项 T

指定对象与圆的第一个切点: //指定或输入第一个切点

指定对象与圆的第二个切点: //指定或输入第二个切点

指定圆的半径<10>:   //输入圆的半径

(6)相切、相切、相切:单击"绘图"命令面板中的"圆"按钮 ⊙ ,执行相切、相切、相切方式画圆命令。在大约相切的位置选择圆、圆弧或直线,依次指定对象与圆的第一个切点、第二个切点、第三个切点,此时对象上均会出现"相切"符号 ⊙ ,并显示"递延切点",三个切点即可确定圆,如图 2-8(f)所示。

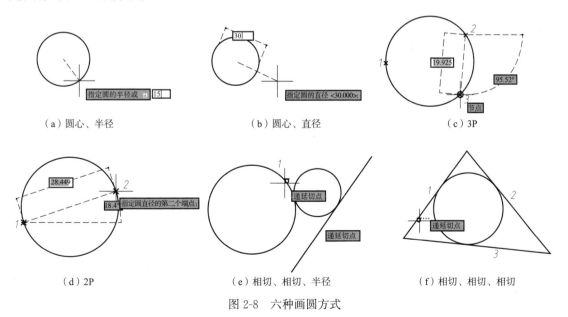

图 2-8　六种画圆方式

需要说明的是,以上(1)～(5)种画圆方式既可以通过命令行选项切换,也可以通过单击

"绘图"命令面板中的"圆"按钮下方的下拉按钮直接切换,执行相应的画圆命令,如图 2-9 所示。而"相切、相切、相切"画圆方式只能通过命令面板或"绘图"菜单执行。

3. 修剪命令的应用

通过修剪(Trim)命令可以使修剪对象精确地终止于剪切边界。

1)启动修剪命令的方式

单击"修改"命令面板中的"修剪"按钮 ,执行修剪(Trim)命令。

命令行窗口提示:

命令:_trim

选择对象或＜全部选择＞:   //选择剪切边界

选择要修剪的对象,或按住 Shift 键选择要延伸的对象,或

[栏选(F)/窗交(C)/投影(P)/边(E)/删除(R)/放弃(U)]:   //选择修剪对象

2)应用模式

(1)通过单选、多选或窗选方式选择剪切边界后,按【Enter】键,再单击选择要修剪的对象,选中的线段即被精确地终止于剪切边定义的边界,如图 2-10 所示。对象既可以作为剪切边,也可以作为被修剪的对象。

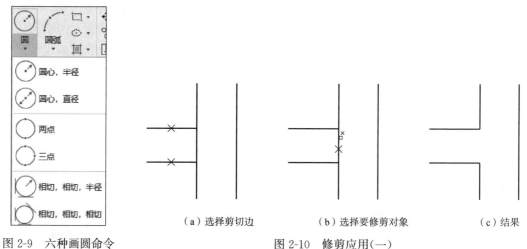

图 2-9 六种画圆命令　　　　　　　图 2-10 修剪应用(一)

(2)执行命令后,按【Enter】键默认选择全部对象作为剪切边,单击选择要修剪的对象即可完成修剪,如图 2-11 所示。

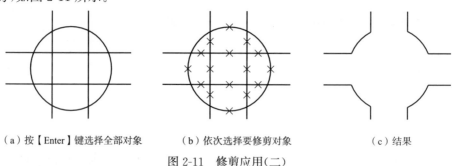

图 2-11 修剪应用(二)

4. 提取图形几何数据

在绘图工作中,有时会需要提取线段的距离、封闭区域的面积、周长等数据,为后续设计提供方便,也可据此判断图形的准确性。

如图 2-12 所示,切点 A 和切点 B 之间的距离是多少?封闭区域的面积是多少?

提取图形几何数据可以通过对象特性、尺寸标注、测量或查询功能来完成。

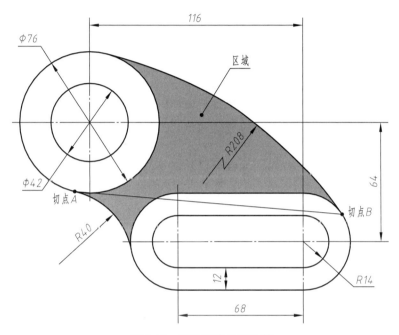

图 2-12 提取图形几何数据

1) 对象特性

利用对象特性进行查询时,首先将所要查询的几何信息变为一个对象。例如,查询切点 A 和切点 B 的距离时,应用"直线"命令将 A、B 两点连接为线段;查询封闭区域的面积时,应将封闭区域通过"图案填充"命令填充为一个对象。然后,右击对象,在弹出的快捷菜单中选择"特性"命令[见图 2-13(a)],即可显示所选对象的特性。图 2-13(b)、图 2-13(c)所示,分别为直线段的距离特性和封闭区域的面积特性。

2) 尺寸标注

当所要查询的几何数据为两点间的距离、线段长度、角度、圆的直径、半径等时,可以利用"标注"命令在相应几何数据上进行标注,即可显示相关数据,如图 2-14(a)所示。图 2-14(b)所示为通过"对齐"标注两点间的距离示例。

3) 测量或查询功能

单击"默认"选项卡命令面板中的"实用工具"|"测量"下拉按钮,选择要提取的几何信息,如距离、半径、面积等,根据命令行提示选择相应的对象即可完成几何数据提取。该功能也可通过"工具"|"查询"子菜单完成,如图 2-15 所示。

以查询切点 A 和切点 B 之间的距离为例,选择"距离"命令。

（a）右键快捷菜单　　　　　（b）直线段的距离特性　　　　（c）区域的面积特性

图 2-13　通过对象特性提取图形几何数据

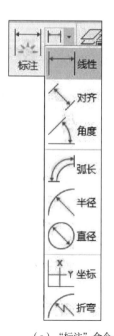 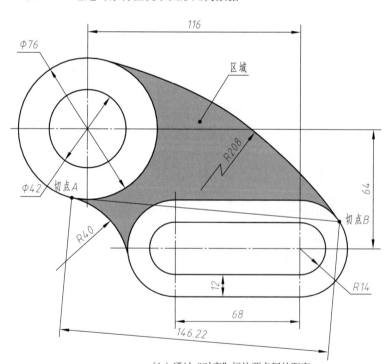

（a）"标注"命令　　　　　　　　　　（b）通过"对齐"标注两点间的距离

图 2-14　通过"标注"命令提取图形几何数据

（a）"测量"下拉列表　　　　　　（b）"工具"|"查询"子菜单

图 2-15　通过测量或查询功能提取图形几何数据

命令行窗口提示：

命令：_MEASUREGEOM

输入一个选项[距离(D)/半径(R)/角度(A)/面积(AR)/体积(V)/快速(Q)/模式(M)/退出(X)]<距离>:_distance　　　　　　　//指定选项距离

指定第一点：　　　　　　　　　　//鼠标拾取切点 A

指定第二个点或[多个点(M)]：　　 //鼠标拾取切点 B

距离 = 146.2213，XY 平面中的倾角 = 355，与 XY 平面的夹角 = 0

X 增量 = 145.7476，Y 增量 = -11.7610，Z 增量 = 0.0000

输入一个选项[距离(D)/半径(R)/角度(A)/面积(AR)/体积(V)/快速(Q)/模式(M)/退出(X)]<距离>：* 取消 *　　　　　　//继续选择要查询信息，或按【Esc】键退出

需要说明的是，在查询封闭区域的周长时，测量或查询功能中均没有"周长"数据，该数据需要单击"面积"来完成。

以查询封闭区域的周长为例，选择"面积"命令。

命令行窗口提示：

命令：_MEASUREGEOM

输入一个选项[距离(D)/半径(R)/角度(A)/面积(AR)/体积(V)/快速(Q)/模式(M)/退出(X)]<距离>:_area　　　　　　　//指定选项面积

指定第一个角点或[对象(O)/增加面积(A)/减少面积(S)/退出(X)]<对象(O)>:O

　　　　　　　　　　　　　　　　//切换为对象模式

选择对象：　　　　　　　　　　　//鼠标选择图案填充对象

区域 = 4518.0518，周长 = 469.7722　//命令行显示封闭区域面积和周长

输入一个选项[距离(D)/半径(R)/角度(A)/面积(AR)/体积(V)/快速(Q)/模式(M)/退出(X)]<面积>：* 取消 *　　　　　　//继续选择要查询信息，或按【Esc】键退出

2.1.5 随堂练习

1. 绘制如图 2-16(a)所示的平面图形,并回答以下问题。
(1)小圆半径为多少?(2)区域 1 的面积为多少?(3)区域 2 的周长为多少?
2. 绘制如图 2-16(b)所示的平面图形,并回答以下问题。
(1)小圆半径为多少?(2)区域 1 的面积为多少?(3)区域 2 的周长为多少?

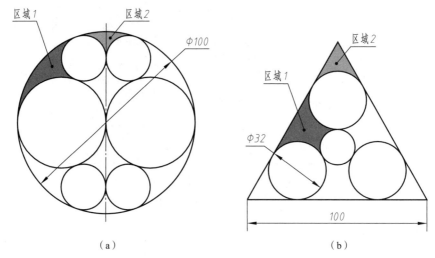

图 2-16 圆的画法练习

2.2 绘制垫片

2.2.1 案例介绍和知识要点

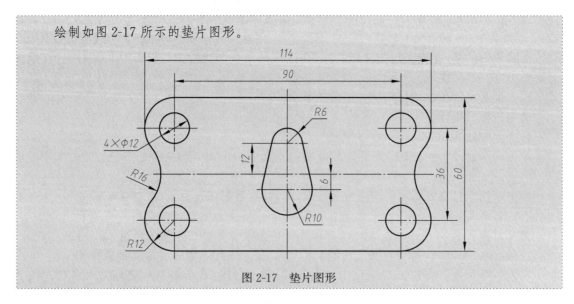

图 2-17 垫片图形

知识要点：
(1)矩形、切线、圆角等绘图命令。
(2)分解、镜像、延伸等修改命令。
(3)对象捕捉辅助功能。

2.2.2 平面图形的尺寸分析和线段分析

1. 尺寸分析

(1)尺寸基准，如图 2-18(a)所示。
(2)定位尺寸，如图 2-18(b)所示。
(3)定形尺寸，如图 2-18(c)所示。

视频
绘制垫片

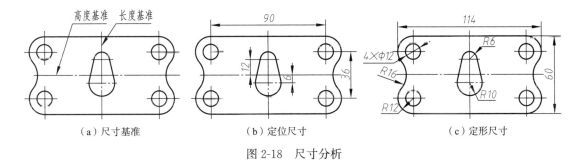

图 2-18 尺寸分析

2. 线段分析

(1)已知线段，如图 2-19(a)所示。
(2)连接线段，如图 2-19(b)所示。

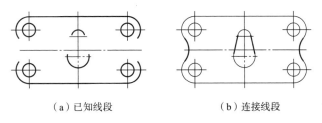

图 2-19 线段分析

2.2.3 操作步骤

步骤一：新建文件。

利用建立的 A4 样板文件新建图形，保存为"2—2 垫片"。

步骤二：绘制矩形及中心线。

(1)选择粗实线层，执行矩形(Rectang)命令 ▢，绘制圆角半径为 $R12$、114×60 的矩形，如图 2-20(a)所示。

命令行窗口提示：

命令:_rectang
指定第一个角点或 [倒角(C)/标高(E)/圆角(F)/厚度(T)/宽度(W)]:F //选择圆角选项
指定矩形的圆角半径 <0.0000>:12   //调整圆角半径
指定第一个角点或 [倒角(C)/标高(E)/圆角(F)/厚度(T)/宽度(W)]: //指定矩形左下角点
指定另一个角点或 [面积(A)/尺寸(D)/旋转(R)]:@114,60 //相对坐标输入矩形右上角点

(2)选择中心线层,执行直线(Line)命令,捕捉矩形各边中点绘制基准线,捕捉圆角圆心绘制中心线,如图2-20(b)所示。

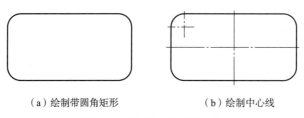

(a)绘制带圆角矩形　　　　　(b)绘制中心线

图2-20　绘制矩形及中心线

步骤三:绘制其余已知线段。

(1)选择矩形,执行分解(Explode)命令 ▢ ,将矩形分解为四段直线和四段圆弧。

(2)执行删除(Erase)命令 ✐ ,选择矩形左右两边的直线,将其删除,如图2-21(a)所示。

(3)执行圆(Circle)命令 ⊘ ,绘制左上角直径为ϕ12的圆,如图2-21(b)所示。

(4)执行镜像(Mirror)命令 ⚠ ,以竖直中心线为对称线将直径为ϕ12的圆及其中心线镜像到右侧,如图2-21(c)所示。

命令行窗口提示:

命令:_mirror
选择对象:指定对角点:找到 3 个　　　//以交叉窗口方式选择直径为ϕ12的圆及其中心线
选择对象:　　　　　　　　　　　　　//回车结束对象选择
指定镜像线的第一点:　　　　　　　　//选择竖直中心线上的一点
指定镜像线的第二点:　　　　　　　　//选择竖直中心线上的另一点
要删除源对象吗?[是(Y)/否(N)]<否>://回车,默认选择<否>

(5)回车重复执行镜像(Mirror)命令,以水平中心线为对称线将上方两个直径为ϕ12的圆及其中心线镜像到下方,如图2-21(d)所示。命令行窗口提示:

命令:_mirror
选择对象:指定对角点:找到 6 个　　　//选择上方左右两侧直径为ϕ12的圆及其中心线
选择对象:　　　　　　　　　　　　　//回车结束对象选择
指定镜像线的第一点:　　　　　　　　//选择水平中心线上的一点
指定镜像线的第二点:　　　　　　　　//选择水平中心线上的另一点
要删除源对象吗?[是(Y)/否(N)]<否>://回车,默认选择<否>

(6)依次执行直线和圆命令,绘制半径为R6和R10的圆及其中心线,如图2-21(e)所示。

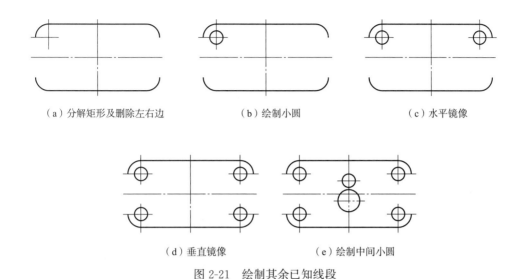

(a)分解矩形及删除左右边　　(b)绘制小圆　　(c)水平镜像

(d)垂直镜像　　(e)绘制中间小圆

图 2-21　绘制其余已知线段

步骤四：绘制连接线段。

(1) 执行圆(　相切、相切、半径)命令，依次在左上方圆弧和左下方圆弧上选择切点，输入半径为 16，如图 2-22(a)所示。

命令行窗口提示：

命令：_circle

指定圆的圆心或 [三点(3P)/两点(2P)/切点、切点、半径(T)]：_ttr
　　　　　　　　　　　　　　　　　　　　//执行相切、相切、半径方式画圆命令
指定对象与圆的第一个切点：　　　　　　　//在左上方圆弧上出现递延切点后单击
指定对象与圆的第二个切点：　　　　　　　//在左下方圆弧上出现递延切点后单击
指定圆的半径 <5.0000>：16　　　　　　　 //输入圆的半径

(2) 执行延伸(Extend)命令　，以 R16 圆作为延伸边界，分别选择左上方和左下方圆弧，将其延伸至与圆相交，如图 2-22(b)所示。

命令行窗口提示：

命令：_extend

当前设置：投影=UCS,边=无

选择边界的边 …

选择对象或 <全部选择>：　找到 1 个　　　　　//选择 R16 的圆

选择对象：　　　　　　　　　　　　　　　　　//回车结束对象选择

选择要延伸的对象或按住 Shift 键选择要修剪的对象,或者

[栏选(F)/窗交(C)/投影(P)/边(E)]：　　　　　//鼠标左键选择左上方圆弧

选择要延伸的对象,或按住 Shift 键选择要修剪的对象,或

[栏选(F)/窗交(C)/投影(P)/边(E)/放弃(U)]：　 //鼠标左键选择左下方圆弧

选择要延伸的对象,或按住 Shift 键选择要修剪的对象,或

[栏选(F)/窗交(C)/投影(P)/边(E)/放弃(U)]：　 //回车结束命令

(3) 执行修剪(Trim)命令 ，以左上方和左下方圆弧作为修剪边界，单击 $R16$ 圆的左侧部分，将其修剪至与圆弧相交，如图 2-22(c)所示。

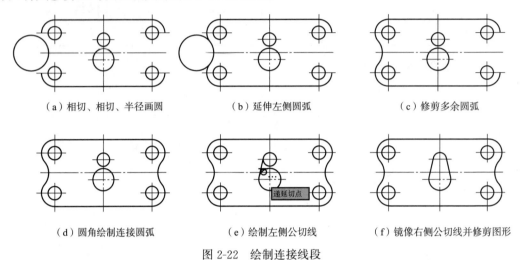

（a）相切、相切、半径画圆　　　（b）延伸左侧圆弧　　　（c）修剪多余圆弧

（d）圆角绘制连接圆弧　　　（e）绘制左侧公切线　　　（f）镜像右侧公切线并修剪图形

图 2-22　绘制连接线段

命令行窗口提示：
命令：_trim
当前设置：投影＝UCS，边＝无
选择剪切边…
选择对象或＜全部选择＞：找到 1 个　　　　　　　　//鼠标左键选择左上方圆弧
选择对象：找到 1 个，总计 2 个　　　　　　　　　　//鼠标左键选择左下方圆弧
选择对象：　　　　　　　　　　　　　　　　　　　　//回车结束边界对象选择
选择要修剪的对象或按住 Shift 键选择要延伸的对象，或者
［栏选(F)/窗交(C)/投影(P)/边(E)/删除(R)］：　　　//鼠标左键选择 $R16$ 圆左侧
选择要修剪的对象，或按住 Shift 键选择要延伸的对象，或
［栏选(F)/窗交(C)/投影(P)/边(E)/删除(R)/放弃(U)］：　//回车结束命令

(4) 执行圆角(Fillet)命令 ，设置圆角半径为 16，依次选择右上方和右下方圆弧作为倒圆角的两个对象，如图 2-22(d)所示。

命令行窗口提示：
命令：_fillet
当前设置：模式＝修剪，半径＝0.0000
选择第一个对象或［放弃(U)/多段线(P)/半径(R)/修剪(T)/多个(M)］：R
　　　　　　　　　　　　　　　　　　　　　　　　　　//选择半径选项
指定圆角半径＜0.0000＞：16　　　　　　　　　　　　//输入半径值 16
选择第一个对象或［放弃(U)/多段线(P)/半径(R)/修剪(T)/多个(M)］：　//选择右上方圆弧
选择第二个对象，或按住 Shift 键选择对象以应用角点或［半径(R)］：　//选择右下方圆弧

(5) 执行直线(Line)命令 ，按住【Shift】键右击，在弹出的快捷菜单选择 "相切"命令，激活切点捕捉，在 $R6$ 圆大约相切处单击"递延切点"；继续以【Shift】＋右键弹出的快捷菜单选

择 ↻ "相切",激活切点捕捉,在 R10 圆大约相切处单击"递延切点",完成两圆左侧公切线绘制,如图 2-22(e)所示。

命令行窗口提示:

命令:_line
指定第一个点:_tan 到   //单击 R6 圆的左上部分
指定下一点或 [放弃(U)]:_tan 到   //单击 R10 圆的左上部分
指定下一点或[退出(E)/放弃(U)]:   //回车结束命令

(6)执行镜像(Mirror)命令 ⚠ ,以竖直中心线为对称线将左侧公切线镜像到右侧;执行修剪命令,以左、右两条公切线为修剪边界,依次选择 R10 圆弧的上方和 R6 圆弧的下方完成修剪,如图 2-22(f)所示。

步骤五:保存文件。

单击快速访问工具栏中的 💾 按钮,保存文件,完成绘图。

2.2.4 知识拓展——圆角命令

绘制圆弧连接可以采用"相切、相切、半径"的方式绘制后再修剪完成,也可以用圆角的方式绘制,后者更为方便简洁。

1. 启动圆角命令的方式

单击"修改"命令面板中的"圆角"按钮 ⌒ ,执行圆角(Fillet)命令。

2. 选项说明

(1)选项"半径(R)",设置圆角半径,默认为上一次执行圆角命令时所采用的半径值。

(2)选项"修剪(T)",可设置将两个对象倒圆角的同时,是否将选定倒圆角的对象修剪到圆弧切点,其区别如图 2-23 所示。

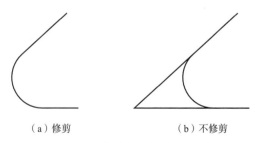

（a）修剪   （b）不修剪

图 2-23　修剪与不修剪的区别

(3)选项"多个(M)",可设置连续完成多个相同半径的圆角。

3. 圆角命令的特殊用法

(1)若设置圆角半径为"0",选择两个对象进行圆角,则将对两个对象执行延伸或修剪操作,即两个对象将相交于一点;或者按住【Shift】键的同时选择要圆角的对象时,无论此时默认圆角半径为多少,都将以圆角半径为 0,对两对象执行延伸或修剪操作,如图 2-24 所示。

(2)选择倒圆角的两对象为平行直线时,无论半径值为多少,都以两线之间的距离为直径绘制半圆,如图 2-25 所示。

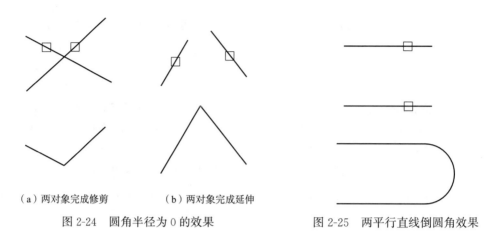

(a) 两对象完成修剪　　　(b) 两对象完成延伸

图 2-24　圆角半径为 0 的效果　　　图 2-25　两平行直线倒圆角效果

(3) 倒圆角时选择对象的位置不同,圆角的结果也不一样,如图 2-26 所示。

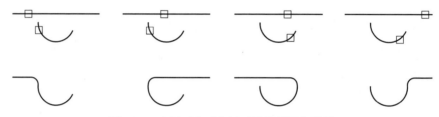

图 2-26　选择对象时位置不同的倒圆角效果

一般情况下,用 AutoCAD 绘制平面图形的连接圆弧时,应优先考虑用"圆角"命令绘图,再考虑选用"圆(相切、相切、半径)"命令绘制完整的圆,然后再修剪成圆弧。上述两种方式都不能满足绘图需要时,则需要根据圆弧连接的作图原理作辅助线的方法确定连接圆弧的圆心位置。

2.2.5　随堂练习

1. 绘制如图 2-27(a)所示的平面图形,阴影部分的面积为多少?
2. 绘制如图 2-27(b)所示的平面图形,阴影部分的面积为多少?
3. 绘制如图 2-27(c)所示的平面图形,阴影部分的面积为多少?

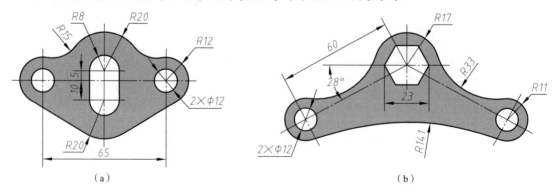

图 2-27　平面图形练习

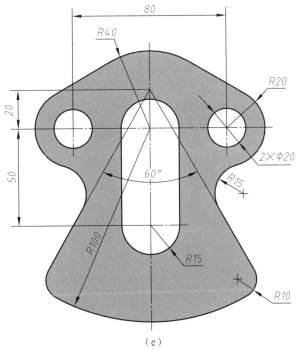

图 2-27 平面图形练习(续)

2.3 绘制蛙形垫片

2.3.1 案例介绍和知识要点

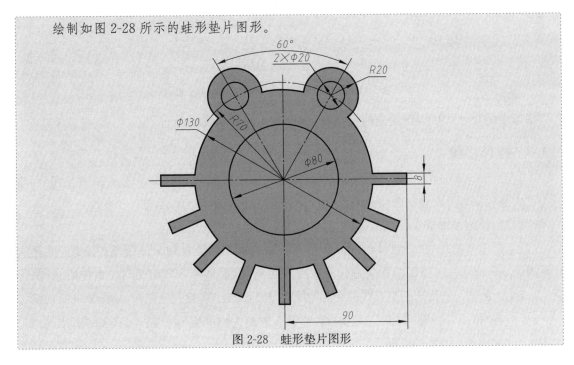

图 2-28 蛙形垫片图形

> 知识要点:
> (1)图案填充、圆、直线等绘图命令。
> (2)镜像、环形阵列、修剪、打断等修改命令。

2.3.2 平面图形的尺寸分析和线段分析

绘制蛙形垫片

1. 图形分析

图形上方左右对称,可通过镜像完成;下方垫片大小相等,在圆周方向上均匀分布,可绘制出最右边的一个,再通过圆周阵列后修剪完成。

2. 尺寸分析

(1)尺寸基准,如图 2-29(a)所示。
(2)定位尺寸,如图 2-29(b)所示。
(3)定形尺寸,如图 2-29(c)所示。

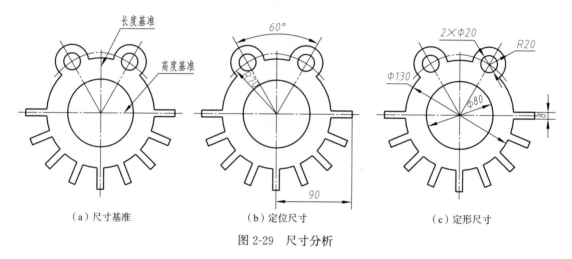

(a)尺寸基准　　　　(b)定位尺寸　　　　(c)定形尺寸

图 2-29　尺寸分析

3. 线段分析

图形中的尺寸均可根据给定的尺寸直接画出,均为已知线段。

2.3.3 操作步骤

步骤一:新建文件。

利用建立的 A4 样板文件新建图形,保存为"2—3 蛙形垫片"。

步骤二:绘制基准线。

(1)选择中心线层,执行直线(Line)命令╱,绘制水平和竖直相交的两条中心线;重复执行直线(Line)命令╱,捕捉两相交直线的交点为起点,以极坐标方式绘制右上方中心线;执行圆(Circle)命令⊙,捕捉两相交直线的交点为圆心,输入半径70,绘制定位圆,如图 2-30(a)所示。

(2)执行"修改"区域的打断(Break)命令凸,依次选择圆弧和打断点,完成基准线绘制,如图 2-30(b)~图 2-30(d)所示。

命令行窗口提示：

命令：_break
选择对象：   //单击R70圆的左上部分
指定第二个打断点 或[第一点(F)]：   //避开圆弧，单击R70圆的右上部分

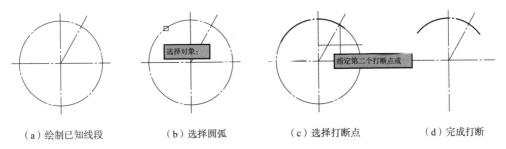

（a）绘制已知线段　　（b）选择圆弧　　（c）选择打断点　　（d）完成打断

图 2-30　绘制基准线

步骤三：绘制上方"耳朵"。

(1) 切换至粗实线层，执行圆(Circle)命令 ⊘，分别绘制$\phi 80$、$\phi 130$、$R20$ 和 $\phi 20$ 的圆，如图 2-31(a)所示。

(2) 执行镜像(Mirror)命令，分别选择右上方中心线与 $R20$、$\phi 20$ 两个圆，以竖直中心线为镜像轴线，完成镜像，如图 2-31(b)所示。

命令行窗口提示：

命令：_mirror
选择对象：找到 1 个   //选择右上方中心线
选择对象：找到 1 个，总计 2 个   //选择 R20 圆
选择对象：找到 1 个，总计 3 个   //选择 $\phi 20$ 圆
选择对象：   //回车结束对象选择
指定镜像线的第一点：   //选择竖直中心线上一点
指定镜像线的第二点：   //选择竖直中心线上另一点
要删除源对象吗？[是(Y)/否(N)]＜否＞：   //回车

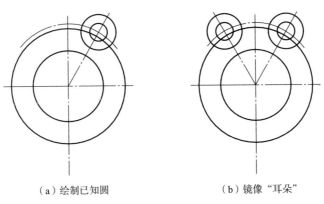

（a）绘制已知圆　　　　　（b）镜像"耳朵"

图 2-31　绘制上方"耳朵"

步骤四：绘制下方垫片。

(1) 执行"修改"区域的偏移(Offset)命令⊂，输入距离为 4，选择水平中心线进行两侧偏移；重复执行偏移命令，输入距离 90，选择竖直中心线向右侧偏移，如图 2-32(a)所示。

命令行窗口提示：

命令：_offset
指定偏移距离或 [通过(T)/删除(E)/图层(L)]<通过>：4   //输入偏移距离 4
选择要偏移的对象，或 [退出(E)/放弃(U)]<退出>：   //选择水平中心线
指定要偏移的那一侧上的点，或 [退出(E)/多个(M)/放弃(U)]<退出>：
                                                    //中心线上侧单击确定
选择要偏移的对象，或 [退出(E)/放弃(U)]<退出>：   //再次选择水平中心线
指定要偏移的那一侧上的点，或 [退出(E)/多个(M)/放弃(U)]<退出>：
                                                    //中心线下侧单击确定
选择要偏移的对象，或 [退出(E)/放弃(U)]<退出>：   //回车结束命令
命令：OFFSET   //重复执行命令
指定偏移距离或 [通过(T)/删除(E)/图层(L)]<4.0000>：90 //输入偏移距离 90
选择要偏移的对象，或 [退出(E)/放弃(U)]<退出>：   //选择竖直中心线
指定要偏移的那一侧上的点，或 [退出(E)/多个(M)/放弃(U)]<退出>：
                                                    //中心线右侧单击确定
选择要偏移的对象，或 [退出(E)/放弃(U)]<退出>：   //回车结束命令

(2) 执行直线(Line)命令╱，绘制最右侧垫片，并删除辅助中心线，如图 2-32(b)所示。

(3) 执行环形阵列(Array)命令⁂，选择右侧垫片的三条边，依次设置环形阵列的中心、数量、填充角度、是否关联等选项，完成阵列，如图 2-32(c)所示。

命令：_arraypolar
选择对象：指定对角点：找到 3 个   //选择垫片的三条边
选择对象：   //回车结束对象选择
类型＝极轴　关联＝是
指定阵列的中心点或 [基点(B)/旋转轴(A)]：   //选择圆心为阵列中心
选择夹点以编辑阵列或 [关联(AS)/基点(B)/项目(I)/项目间角度(A)/填充角度(F)/行(ROW)/层(L)/旋转项目(ROT)/退出(X)]<退出>：I   //选择项目选项
输入阵列中的项目数或 [表达式(E)]<6>：9   //输入阵列数量为 9 个
选择夹点以编辑阵列或 [关联(AS)/基点(B)/项目(I)/项目间角度(A)/填充角度(F)/行(ROW)/层(L)/旋转项目(ROT)/退出(X)]<退出>：F   //选择填充角度选项
指定填充角度(+ ＝逆时针、- ＝顺时针)或 [表达式(EX)]<360>：-180
                                                    //输入填充角度为 -180°
选择夹点以编辑阵列或 [关联(AS)/基点(B)/项目(I)/项目间角度(A)/填充角度(F)/行(ROW)/层(L)/旋转项目(ROT)/退出(X)]<退出>：AS //选择关联选项
创建关联阵列 [是(Y)/否(N)]<是>：N   //选择否
选择夹点以编辑阵列或 [关联(AS)/基点(B)/项目(I)/项目间角度(A)/填充角度(F)/行(ROW)/层(L)/旋转项目(ROT)/退出(X)]<退出>：   //回车结束命令

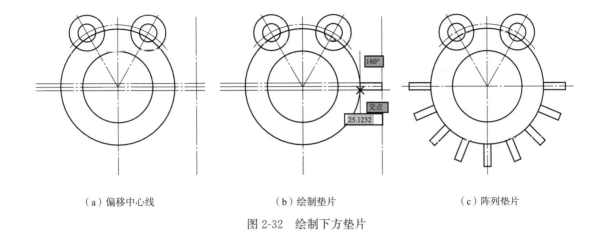

| (a) 偏移中心线 | (b) 绘制垫片 | (c) 阵列垫片 |

图 2-32 绘制下方垫片

步骤五：修剪图形并保存。

(1) 执行修剪 (Trim) 命令 ，剪去多余线段。

命令行窗口提示：

命令：_trim

当前设置：投影=UCS,边=无

选择剪切边...   //回车选择全部对象

选择对象或 ＜全部选择＞：

选择要修剪的对象或按住 Shift 键选择要延伸的对象,或者

[栏选(F)/窗交(C)/投影(P)/边(E)/删除(R)]：   //依次选择要修剪对象

(2) 单击快速访问工具栏中的 按钮,保存文件,完成绘图。(阴影部分面积为：11 144.334 5)

2.3.4　知识拓展——阵列

相同的按规则排列的多个对象可以通过阵列方式进行复制。阵列包括矩形阵列、环形阵列和路径阵列。可以单击"修改"命令面板中的"矩形阵列"按钮 、"环形阵列"按钮 、"路径阵列"按钮 ,执行阵列命令,也可以在命令行输入 ARRAYCLASSIC,打开"阵列"对话框,完成阵列。

1. 阵列的选项

1) 矩形阵列选项

执行"矩形阵列"命令,选择要阵列的对象,按【Enter】键后将显示预览阵列。

命令行窗口提示：

选择夹点以编辑阵列或 [关联(AS)/基点(B)/计数(COU)/间距(S)/列数(COL)/行数(R)/层数(L)/退出(X)]＜退出＞：

输入各选项,确定行列数及其行列之间的距离。

部分选项的含义如下：

(1)选择夹点指定各个参数:指定方式可以输入数据指定,也可以移动光标单击指定。
(2)关联:指定阵列后的对象是关联的还是独立的。
(3)基点:定义阵列基点和基点夹点的位置。
(4)间距:指定行间距和列间距,并使用户在移动光标时可以动态观察结果。
(5)列数:编辑列数和列间距。
(6)行数:编辑行数和行间距。

2)环形阵列选项

执行"环形阵列"命令,选择要阵列的对象,按【Enter】键后指定阵列的中心点,将显示预览阵列,同时命令行窗口提示:

选择夹点以编辑阵列或[关联(AS)/基点(B)/项目(I)/项目间角度(A)/填充角度(F)/行(ROW)/层(L)/旋转项目(ROT)/退出(X)]＜退出＞:

输入各选项,确定要阵列对象的数量及填充角度即可完成阵列。

部分选项的含义如下:

(1)选择夹点指定各个参数:指定方式可以输入数据指定,也可以移动光标单击指定。
(2)关联:指定阵列后的对象是关联的还是独立的。
(3)基点:相对于选定对象指定新的参照点,对对象指定阵列操作时,这些选定对象将与阵列圆心保持不变的距离。
(4)项目:指定阵列中的对象个数。
(5)项目间角度:根据阵列中心点和阵列对象的基点指定对象间的夹角。
(6)填充角度:指定第一个和最后一个阵列对象的基点间的夹角。
(7)旋转项目:是否旋转阵列中的对象,如图 2-33 所示。

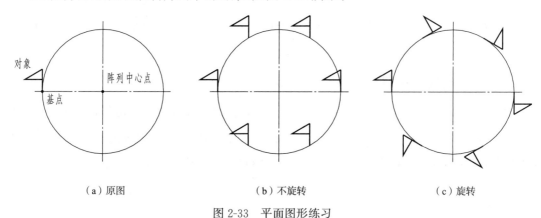

(a)原图　　　　　　　　(b)不旋转　　　　　　　　(c)旋转

图 2-33　平面图形练习

3)路径阵列选项

执行路径阵列命令,选择要阵列的对象,按【Enter】键后路径曲线,将显示预览阵列,同时命令行窗口提示:

选择夹点以编辑阵列或[关联(AS)/方法(M)/基点(B)/切向(T)/项目(I)/行(R)/层(L)/对齐项目(A)/z方向(Z)/退出(X)]＜退出＞:

输入要阵列对象的数量及路径方法即可完成阵列。

部分选项的含义如下:
(1)选择夹点以编辑阵列:指定方式可以输入数据指定,也可以移动光标单击指定。
(2)关联:指定阵列后的对象是关联的还是独立的。
(3)方法:输入阵列路径方法为定数等分或定距等分。
(4)基点:相对于选定对象指定新的参照点。
(5)项目:指定阵列中的对象个数。
(6)对齐项目:指定是否将阵列项目与路径对齐。

2. 对话框方式阵列

可使用命令的方式执行对话框方式阵列,在命令行输入 ARRAYCLASSIC,按【Enter】键,则打开"阵列"对话框,包括矩形阵列和环形阵列,矩形阵列如图 2-34 所示。

若将一个圆以矩形方式阵列 3 行 4 列,阵列角度为 35°,设置如图 2-34 所示,矩形阵列的结果如图 2-35 所示。

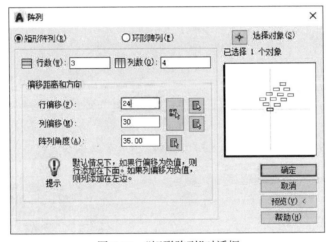

图 2-34 "矩形阵列"对话框

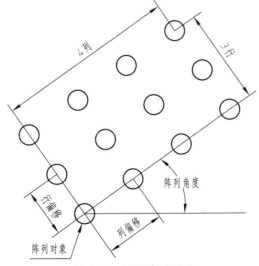

图 2-35 矩形阵列图形

若将一个小旗以环形方式阵列 8 个，阵列中心为圆心，复制时旋转项目，其设置如图 2-36 所示，环形阵列的结果如图 2-37 所示。

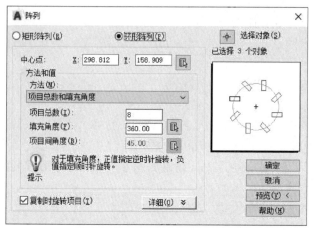

图 2-36 "环形阵列"对话框

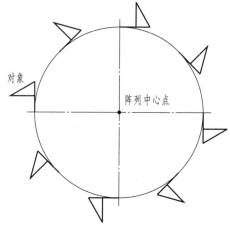

图 2-37 环形阵列图形

2.3.5 随堂练习

1. 绘制如图 2-38(a)所示的平面图形，阴影部分的面积为多少？
2. 绘制如图 2-38(b)所示的平面图形，阴影部分的面积为多少？

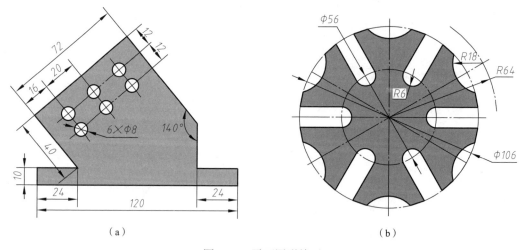

(a)　　　　　　　　　　　(b)

图 2-38 平面图形练习

2.4 绘制挂轮架

2.4.1 案例介绍和知识要点

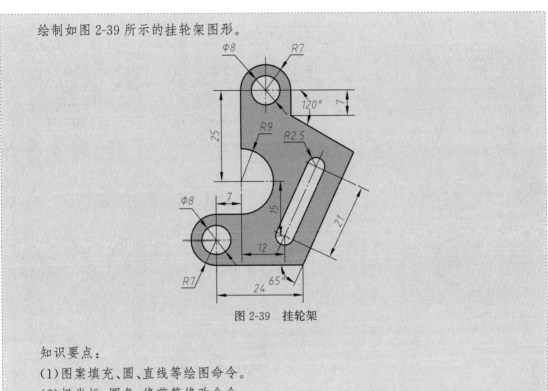

图 2-39 挂轮架

知识要点:
(1)图案填充、圆、直线等绘图命令。
(2)极坐标、圆角、修剪等修改命令。

2.4.2 挂轮架的尺寸分析和线段分析

1. 图形分析

根据图形分析,绘图的难点在右侧倾斜及键槽部分,主要由 120°和 65°两个方向的两条直线来确定,键槽由起点和方向确定,因此可以采用极轴方式绘制外轮廓直线,键槽的中心线确定后由偏移方式绘制。

2. 尺寸分析

(1)尺寸基准,如图 2-40(a)所示。
(2)定位尺寸,如图 2-40(b)所示。
(3)定形尺寸,如图 2-40(c)所示。

3. 线段分析

(1)已知线段,如图 2-41(a)所示。
(2)中间线段,如图 2-41(b)所示。
(3)连接线段,如图 2-41(c)所示。

视频

绘制挂轮架

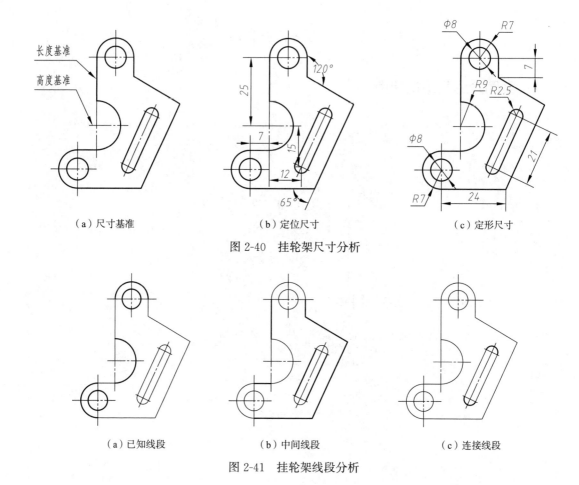

图 2-40 挂轮架尺寸分析

图 2-41 挂轮架线段分析

2.4.3 操作步骤

步骤一： 新建文件。

利用建立的 A4 样板文件新建图形，保存为"2－4 挂轮架"。

步骤二： 绘制基准线。

(1)切换至中心线层，绘制长度和高度方向基准线，注意估算各线段的长度。

(2)高度基准向上偏移 25，长度基准向右偏移 7，绘制上方圆的中心线。

(3)高度基准向下偏移 16，长度基准向左偏移 7，绘制左下方圆的中心线，如图 2-42 所示。

步骤三： 绘制已知线段。

(1)切换至粗实线层，执行圆命令，绘制 R9 和 R7 的三个圆并修剪为半圆，或通过"圆心、起点、角度"方式绘制 3 个半圆弧。

(2)执行圆命令，绘制 φ8 的两个圆，如图 2-43 所示。

步骤四： 绘制中间线段。

(1)执行直线命令，绘制两条竖直线，右上方的竖线长度 7；再绘制两条水平线，最下方的水平线长度 24。

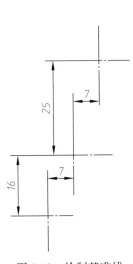
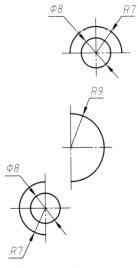

图 2-42 绘制基准线　　　　　图 2-43 绘制已知线段

(2) 执行直线命令,以极轴方式绘制 65°方向斜线(长度不确定);重复执行直线命令,同理以极轴方式绘制 120°(−30°)方向斜线,两线段相交,通过修剪命令剪去多余线段。

(3) 切换中心线层,执行直线命令,捕捉 R9 圆弧的圆心作为临时追踪点,输入 12 和 15 确定直线段起点,以极轴方式(@21<65°)绘制键槽的中心线。

(4) 执行偏移命令,输入距离 2.5,选择键槽中心线,分别向上方和下方各偏移一条线,并将其切换到粗实线层,如图 2-44 所示。

步骤五:绘制连接线段。

执行圆角命令,以默认圆角半径为 0,分别在键槽上端和下端选择两条直线完成半圆连接圆弧绘制,如图 2-45 所示。

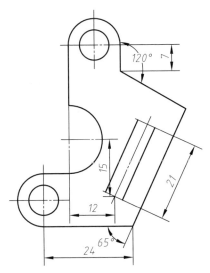
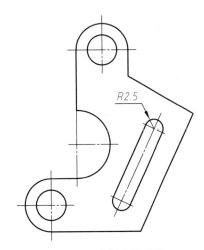

图 2-44 绘制中间线段　　　　　图 2-45 绘制连接线段

步骤六:保存文件。

单击快速访问工具栏中的 ⊟ 按钮,保存文件,完成绘图。(阴影部分面积为:975.1968)

2.4.4 知识拓展——临时追踪点和"自"捕捉

在绘图过程中,经常需要确定图形的起点、终点、圆心等目标点的位置,这些点的位置通常会以一定的几何关系显示出来,用户可以根据几何关系通过绘制辅助线的方式来找到目标点。但这样绘图效率不高,且绘制辅助线会让图形看起来杂乱,影响绘图效率。AutoCAD 2020 中提供的"临时追踪点"及"自"捕捉功能可有效解决该问题。

绘制如图 2-46 所示几何图形,以矩形左下角点 A,X 方向增量 60,Y 方向增量 50 的坐标点为圆心,绘制半径为 30 的圆。

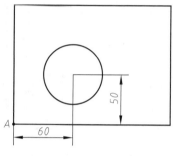

图 2-46 几何图形举例

1. 临时点捕捉

(1)执行"画圆"命令,此时命令行提示"指定圆的圆心"。

(2)按下【Shift】键右击,在弹出的快捷菜单中选择"临时追踪点"命令,如图 2-47 所示。

(3)命令行提示指定"临时对象追踪点",将光标移至 A 点,显示对象追踪标志(注意不要点击鼠标),将光标向右移动,会显示水平方向的追踪点线,输入追踪距离 60,按【Enter】键,如图 2-48(a)所示;此时图形中显示绿色十字符号,为临时追踪的 X 方向的点,再将鼠标往 Y 轴方向移动,会显示垂直方向的追踪点线,输入追踪距离 50,按【Enter】键,如图 2-48(b)所示。此时圆心的位置已确定。

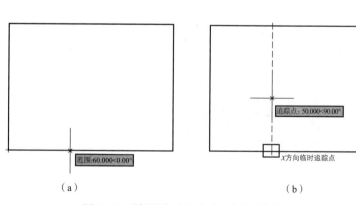

图 2-47 "对象捕捉"快捷菜单　　图 2-48 利用"临时追踪点"确定对象位置

(4)输入圆半径30,按【Enter】键确认。

命令行提示如下：

命令：_circle

指定圆的圆心或[三点(3P)/两点(2P)/切点、切点、半径(T)]：_tt 指定临时对象追踪点：60　　　　　　　　　　　　　　　　　　　　　　　　　　　　　　　　　　　//输入 X 方向增量

指定圆的圆心或[三点(3P)/两点(2P)/切点、切点、半径(T)]：50　　　//输入 Y 方向增量

指定圆的半径或[直径(D)]<31.623>：30　　　　　　　　　　　　　　//输入圆的半径

2."自"捕捉

(1)执行"画圆"命令,此时命令行提示"指定圆的圆心"。

(2)按下【Shift】键右击,在弹出的快捷菜单中选择"自"捕捉,参见图 2-47。

(3)命令行提示指定"基点",将光标移至 A 点,选中 A 点,命令行提示输入偏移值,在命令行输入相对坐标"@60,50",按【Enter】键确认。此时已确定了圆心的位置。

(4)输入圆半径30,按【Enter】键确认。

命令行提示如下：

命令：_circle

指定圆的圆心或[三点(3P)/两点(2P)/切点、切点、半径(T)]：_from 基点：<偏移>：@60,50　　　　　　　　　　　　　　　　　　　　　　　　　//输入目标点与基点的方向增量

指定圆的半径或[直径(D)]<30.000>：30　　//输入圆的半径

2.4.5　随堂练习

1. 绘制如图 2-49(a)所示的平面图形,阴影部分的面积为多少？
2. 绘制如图 2-49(b)所示的平面图形,阴影部分的面积为多少？

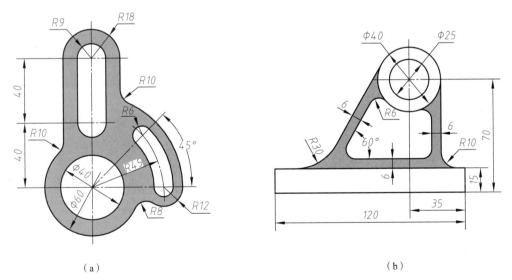

(a)　　　　　　　　　　　　　　　　　　(b)

图 2-49　平面图形练习

2.5 绘制吊钩

绘制如图 2-50 所示的吊钩图形。
知识要点：
(1)圆弧连接的画图方法。
(2)倒角、圆角、对象捕捉追踪等使用方法。

2.5.1 吊钩的尺寸分析和线段分析

1. 图形分析

根据图形分析，图形绘制的难点在于左侧的钩子部分，主要是确定 R28 与 R48 圆弧的圆心。图中仅已知了圆心一个方向的坐标，另一方向则需要根据圆弧与圆弧相外切求得，因此这两条圆弧属于中间线段。

2. 尺寸分析

(1)尺寸基准，如图 2-51(a)所示。
(2)定位尺寸，如图 2-51(b)所示。
(3)定形尺寸，如图 2-51(c)所示。

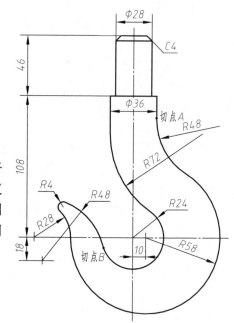

图 2-50 吊钩

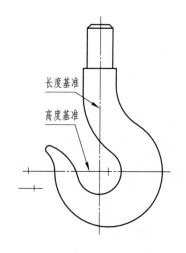

(a)尺寸基准

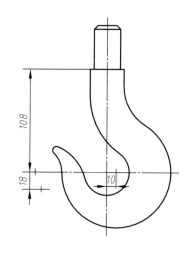

(b)定位尺寸

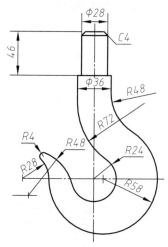

(c)定形尺寸

图 2-51 吊钩尺寸分析

视频
绘制吊钩

3. 线段分析

(1)已知线段，如图 2-52(a)所示。
(2)中间线段，如图 2-52(b)所示。
(3)连接线段，如图 2-52(c)所示。

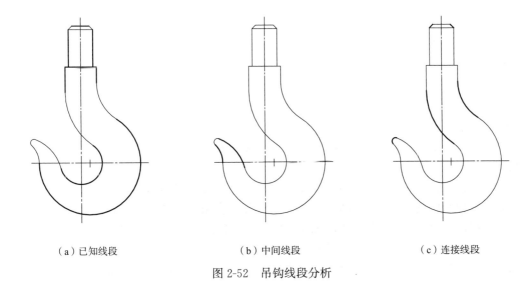

（a）已知线段　　　　　（b）中间线段　　　　　（c）连接线段

图 2-52　吊钩线段分析

2.5.2　操作步骤

步骤一：新建文件。

利用建立的 A4 样板文件新建图形，保存为"2－5 吊钩"。

步骤二：绘制基准线。

（1）切换至中心线层，绘制长度和高度方向基准线。

（2）长度基准向右偏移 10，绘制 R58 定位中心线，如图 2-53 所示。

步骤三：绘制已知线段。

（1）切换至粗实线层，执行圆命令，绘制 R24 和 R58 的两个圆。

（2）执行矩形命令，以定位尺寸 108 及对称约束，绘制 28×46 的矩形并分解。

（3）执行夹点编辑，分别将矩形下方的边向左右两侧各拉伸 4。

（4）执行直线命令，以直线左右两侧端点为起点，分别绘制任意长度竖直直线，如图 2-54 所示。

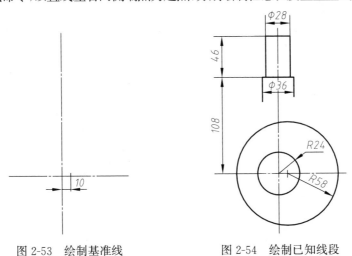

图 2-53　绘制基准线　　　　图 2-54　绘制已知线段

步骤四：绘制中间线段。

(1) 执行圆命令，以 $R58$ 圆弧为圆心，以 $58+28=86$ 为半径绘制圆（两圆外切时圆心距离 $O_1O_2=R_1+R_2$），以该圆和水平中心线的交点为圆心，绘制 $R28$ 的圆。

(2) 同理，执行圆命令，以 $R24$ 圆弧为圆心，以 $24+48=72$ 为半径绘制圆，以该圆和距离水平中心线 18 的直线的交点为圆心，绘制 $R48$ 的圆，如图 2-55 所示。

步骤五：绘制连接线段，如图 2-56 所示。

(1) 执行圆角命令（默认为修剪模式），设置圆角半径为 $R48$，分别在图示位置附近选择直线和 $R58$ 圆。

(2) 重复执行圆角命令，设置圆角半径为 $R72$，分别在图示位置附近选择直线和 $R24$ 圆。

(3) 重复执行圆角命令，设置圆角半径为 $R4$，分别在图示位置附近选择 $R28$ 和 $R48$ 圆。

(4) 执行修剪命令，分别选择剪切边界和剪切对象，完成钩子部分图形。

(5) 执行倒角命令（默认为修剪模式），设置距离 1 和距离 2 均为 4，分别选择上方水平线的左端和左侧竖直线，完成左侧倒角；重复执行倒角，分别选择上方水平线的右端和右侧竖直线，完成右侧倒角。

(6) 执行直线命令，捕捉倒角后两个端点，补画倒角后产生的直线。

步骤六：保存文件。

单击快速访问工具栏中的 按钮，保存文件，完成绘图。（切点 A 和切点 B 之间的距离为：104.4824）

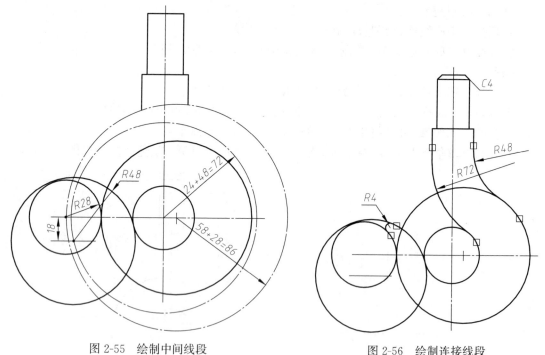

图 2-55　绘制中间线段　　　　　图 2-56　绘制连接线段

2.5.3　知识拓展——圆弧连接

圆弧连接就是用已知半径的圆弧将两个几何元素光滑连接起来的作图方法，在绘制图样时经常会遇到多种元素(直线、圆、圆弧)的连接问题。

以被连接的几何元素进行分类,圆弧连接作图包含以下三种情况:

1. 圆弧连接直线与直线

用已知半径为 R 的圆弧连接两条直线的作图方法如图 2-57 所示。由图可知,无论被连接两条直线是锐角、直角还是钝角,连接圆弧的圆心 O 均为分别平行于已知两条直线且与其距离等于 R 的直线的交点;连接圆弧的切点 M、N 是过圆心且垂直于已知直线的垂足。

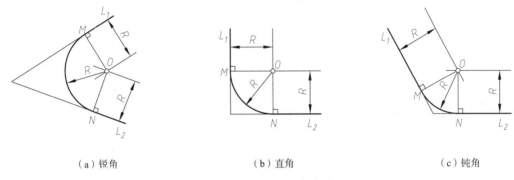

(a) 锐角　　　　　　　　(b) 直角　　　　　　　　(c) 钝角

图 2-57　圆弧连接两条直线

2. 圆弧连接圆弧与圆弧

圆弧与圆弧连接分为外切、内切、内外切三种。

(1)外切连接:用已知半径为 R 的圆弧外切两已知圆弧。其中连接圆弧的圆心 O 是分别以两已知圆弧的圆心 O_1、O_2 为圆心,以 $R+R_1$、$R+R_2$ 为半径所作的圆弧的交点;连接圆弧的切点 M、N 分别是连接圆弧圆心 O 和已知圆弧圆心 O_1、O_2 的连线与已知圆弧的交点,如图 2-58(a)所示。

(2)内切连接:用已知半径为 R 的圆弧分别内切两已知圆弧。其中连接圆弧的圆心 O 是分别以两已知圆弧的圆心 O_1、O_2 为圆心,以 $R-R_1$、$R-R_2$ 为半径所作的圆弧的交点;连接圆弧的切点 M、N 分别是连接圆弧圆心 O 和已知圆弧圆心 O_1、O_2 连线的延长线与已知圆弧的交点,如图 2-58(b)所示。

(3)内外切连接:用已知半径为 R 的圆弧与其中一条已知圆弧外切,而与另一条已知圆弧内切。其中连接圆弧的圆心 O 是分别以两已知圆弧的圆心 O_1、O_2 为圆心,以 $R-R_1$、$R+R_2$ 为半径所作的圆弧的交点;连接圆弧的切点 M 为连接圆弧圆心 O 和已知圆弧圆心 O_1 连线的延长线与已知圆弧的交点,切点 N 为连接圆弧圆心 O 和已知圆弧圆心 O_2 的连线与已知圆弧的交点,如图 2-58(c)所示。

3. 圆弧连接直线与圆弧

圆弧与直线、圆弧的连接情况分为两种。

(1)连接圆弧一端与直线连接,另一端与已知圆弧外切。其中连接圆弧的圆心 O 是平行于已知直线且与其距离等于 R 的直线和以已知圆弧的圆心 O_1 为圆心,以 $R+R_1$ 为半径所作的圆弧的交点;连接圆弧的切点 M 是垂足,N 是圆心 O 和已知圆弧圆心 O_1 的连线与已知圆弧的交点,如图 2-59(a)所示。

(2)连接圆弧一端与直线连接,另一端与已知圆弧内切。其中连接圆弧的圆心 O 是平行

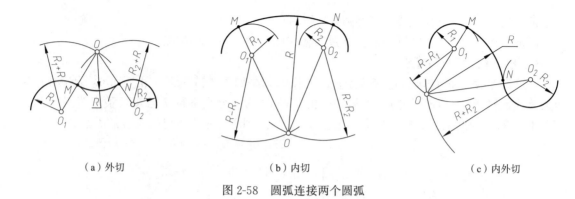

(a)外切　　　　　　　　　(b)内切　　　　　　　　　(c)内外切

图 2-58　圆弧连接两个圆弧

于已知直线且与其距离等于 R 的直线和以已知圆弧的圆心 O_1 为圆心,以 $R-R_1$ 为半径所作的圆弧的交点;连接圆弧的切点 M 是垂足,N 是圆心 O 和已知圆弧圆心 O_1 连线的延长线与已知圆弧的交点,如图 2-59(b)所示。

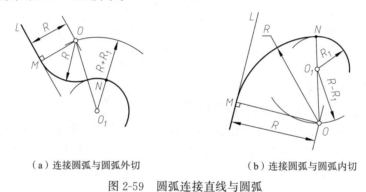

(a)连接圆弧与圆弧外切　　　　　　(b)连接圆弧与圆弧内切

图 2-59　圆弧连接直线与圆弧

2.5.4　随堂练习

1. 绘制如图 2-60(a)所示的风扇叶片,并回答阴影部分的面积为多少。
2. 绘制如图 2-60(b)所示的扳手,并回答阴影部分的面积分别为多少。

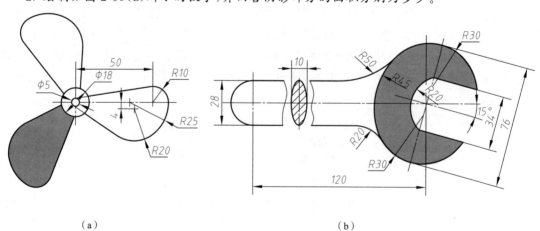

(a)　　　　　　　　　　　　　　　(b)

图 2-60　圆弧连接练习

2.6 上机练习

1. 绘制如图 2-61 所示平面图形,并回答以下问题:
(1)圆弧半径 R 的值为多少?
(2)区域一的面积为多少?
(3)区域二的周长为多少?

2. 绘制如图 2-62 所示平面图形,并回答以下问题。说明:图中三个小圆大小相等,两两相切,且均匀分布在圆周内,均与大圆相内切。
(1)圆弧半径 R 的值为多少?
(2)区域一的面积为多少?
(3)区域二的周长为多少?

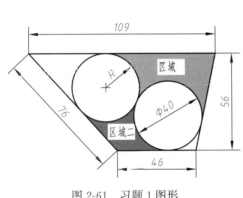

图 2-61 习题 1 图形

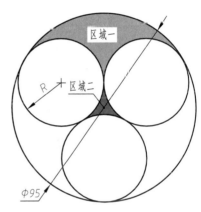

图 2-62 习题 2 图形

3. 绘制如图 2-63 所示平面图形,并回答以下问题:

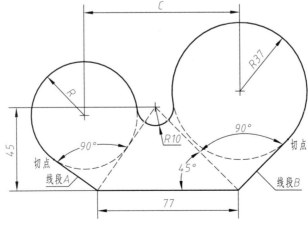

图 2-63 习题 3 图形

(1)线段 A 的长度为多少?
(2)线段 B 的长度为多少?
(3)距离 C 的值为多少?
(4)圆弧半径 R 的值为多少?
(5)平面图形(粗实线区域)的周长为多少?

4. 绘制如图 2-64 所示平面图形,并回答以下问题:
(1)圆弧半径 A 的值为多少?
(2)圆弧半径 B 的值为多少?
(3)线段 C 的长度为多少?
(4)线段 D 的长度为多少?
(5)中心距 E 的值为多少?

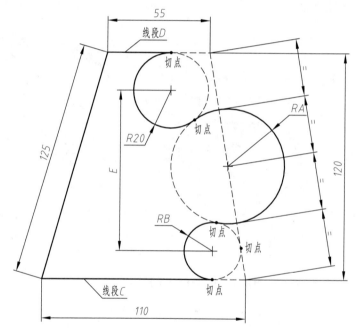

图 2-64　习题 4 图形

第3章 文字书写与尺寸标注

绘制的图形表达对象的形状,而图形中各个对象的真实大小和相互位置关系要通过尺寸进行表达,因此尺寸标注是绘图设计工作中的一项重要内容。

AutoCAD包含了一套完整的文字书写和尺寸标注命令,可以轻松完成图纸中要求的尺寸标注和注释。

3.1 建立具有工程文字样式的样板文件

3.1.1 案例介绍和知识要点

设置以下文字样式:
(1)样式名:数字;字体名:gbeitc.shx;宽度因子:1;倾斜角度:0。
(2)样式名:汊字;字体名:汉仪长仿宋体;宽度因子:1;倾斜角度:0。
知识要点:
(1)机械制图国标字体规定。
(2)AutoCAD工程制图国标规定。
(3)AutoCAD文字样式设置方法。
(4)AutoCAD文字书写方法。

3.1.2 操作步骤

步骤一: 打开样板文件。

(1)单击快速访问工具栏中的"打开"按钮 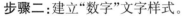,弹出"选择文件"对话框。文件类型选择"图形样板(*.dwt)",将建立的"A3横放"样板文件打开。

(2)选择命令面板中的"注释"|"文字样式",或选择菜单栏中的"格式"|"文字样式"命令,弹出"文字样式"对话框,如图3-1所示。

视频
设置文字样式

步骤二: 建立"数字"文字样式。

(1)AutoCAD软件默认有两种文字样式,从"样式"列表框中选择Standard文字样式,单击"新建"按钮,弹出"新建文字样式"对话框,在"样式名"文本框中输入"数字"(见图3-2),单击"确定"按钮,返回"文字样式"对话框。

(2)从"字体名"下拉列表中选择gbeitc.shx选项。需要注意的是,当所选的字体前面带符号@时,标注的文字向左旋转90°,即字头向左。

(3)选中"使用大字体"复选框。

(4)从"字体样式"下拉列表中选择gbcbig.shx选项。

图3-1 "文字样式"对话框

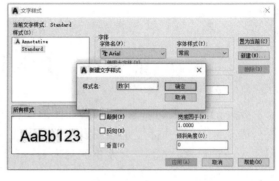
图3-2 新建文字样式

(5)高度采用默认值0.000 0,书写文字时再根据字体高度进行设置。
(6)"宽度因子"采用默认值"1","倾斜角度"采用默认值"0"。
如图3-3所示,单击"应用"按钮,则建立了"数字"文字样式,用于书写图样中的数字和字母。
步骤三:建立"汉字"文字样式。
(1)单击"新建"按钮,弹出"新建文字样式"对话框,在"样式名"文本框中输入"汉字",单击"确定"按钮,返回"文字样式"对话框。
(2)取消选中"使用大字体"复选框。
(3)从"字体名"下拉列表中选择"汉仪长仿宋体"选项。
(4)高度采用默认值0.000 0,"宽度因子"采用默认值1,"倾斜角度"采用默认值0。
如图3-4所示,单击"应用"按钮,则建立了"汉字"文字样式,用于书写图样中的汉字。

图3-3 设置"数字"文字样式   图3-4 设置"汉字"文字样式

步骤四:绘制并填写标题栏。
绘制并填写零件图用标题栏,如图3-5所示。
(1)切换至细实线图层,执行"直线"命令,按照图中标注尺寸绘制标题栏。
(2)单击命令面板中的"注释"下拉按钮,切换当前文字样式为"汉字"。单击"注释"|"文字"下拉按钮,选择"单行文字"命令,以"正中"对齐方式书写"制图"。
命令行窗口提示:
命令:_text
当前文字样式:"汉字" 文字高度: 2.5000 注释性: 否 对正: 左

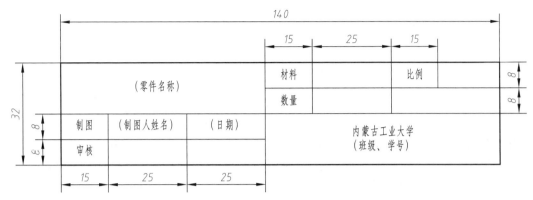

图 3-5 零件图用标题栏

指定文字的起点 或 [对正(J)/样式(S)]:J　　　　　//选择对正选项
输入选项 [左(L)/居中(C)/右(R)/对齐(A)/中间(M)/布满(F)/左上(TL)/中上(TC)/右上(TR)/左中(ML)/正中(MC)/右中(MR)/左下(BL)/中下(BC)/右下(BR)]:MC
　　　　　　　　　　　　　　　　　　　　　　　//选择正中对齐选项
指定文字的中间点：tt 指定临时对象追踪点:7.5 　//启用临时追踪,捕捉"制图"
　　　　　　　　　　　　　　　　　　　　　　　//左下角点作为临时追踪点,矩形长度方向中心距离
指定文字的中间点:4　　　　　　　　　　　　　　//输入矩形高度方向中心距离
指定高度 <2.5000>:3.5　　　　　　　　　　　　 //指定文字高度 3.5
指定文字的旋转角度 <0>:　　　　　　　　　　　 //指定旋转角度 0
光标闪烁,输入"制图",回车切换至下一行,空回车结束。
(3)重复执行以上步骤,书写其余文字。

步骤五: 保存样板文件。

单击"保存"按钮 ,保存文件名为"A3横放"的样板文件,该样板文件中包含了"数字"和"汉字"两种文字样式,具有完整的零件图用标题栏格式。

3.1.3 知识拓展

1. 字体

1)国家标准《技术制图　字体》关于字体的规定(GB/T 14691—1993)

字体指的是图中汉字、字母及数字的书写形式,图样中的字体书写必须做到字体工整、笔画清楚、间隔均匀、排列整齐。

(1)字号:表示字体高度,代号为 h。字号有 1.8、2.5、3.5、5、7、10、14、20,单位为 mm。

(2)汉字:汉字应写成长仿宋体,汉字高度 h 应不小于 3.5,其宽高比为 $1/\sqrt{2}$。

(3)数字和字母:图样中数字和字母可以写成直体或斜体,斜体字的字头向右倾斜,与水平基准线约成 75°。用作指数、分数、极限偏差、注脚等的数字和字母,一般应采用小一号字体。

2)《机械工程 CAD 制图规则》规定(GB/T 14665—2012)

工程图样中的字体高度 h 与图纸幅面之间的大小关系,见表 3-1。

表 3-1 工程图样中的字体高度与图纸幅面之间的大小关系

文 字	幅 面				
	A0	A1	A2	A3	A4
字母及数字 h	5			3.5	
汉字 h	7			5	

h 代表汉字、数字及字母的高度,单位 mm

中文字体选用"汉仪长仿宋体",也可选用"仿宋 GB2312",此时需要将"宽度因子"设置为 0.7。字体名设置为 gbeitc.shx 时,选中"使用大字体"复选框,大字体样式下拉列表选择 gbcbig.shx,也可书写工程用汉字。

2. 文字书写

AutoCAD 提供了两种文字输入方式:单行文字和多行文字。单行文字指输入的每一行文字都被看作一个单独的实体对象,输入几行就生成几个实体对象。多行文字指不管输入几行文字,系统都把它们作为一个实体对象来处理。

1)单行文字

在"注释"命令面板中选择"文字"|"单行文字",或者选择菜单栏中的"绘图"|"文字"|"单行文字"命令,都可以创建单行文字对象。

使用"单行文字"命令标注的文本,其每行文字都是独立的对象,可以单独进行定位、调整格式等编辑操作。

2)多行文字

如果输入的文字较多,则用"多行文字"命令较为方便。多行文字作为一个整体,可以进行移动、旋转、删除等编辑操作。

要输入如图 3-6 所示的文字,可在"注释"命令面板中选择"文字"|"多行文字"命令,或者选择菜单栏中的"绘图"|"文字"|"多行文字"命令,根据系统提示在绘图工作区确定多行文字窗口的第一角点和第二角点后,弹出"文字编辑器",如图 3-7 所示。该文字编辑器能够输入不同字体、不同高度、不同颜色的多个段落的文字,也可以输入特殊字符、分数、指数及公差等,并可对文字进行编辑。

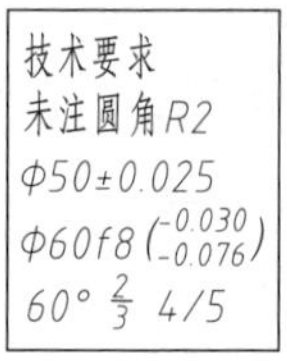

图 3-6 多行文字输入

图 3-7 多行文字编辑器

右击输入框,弹出如图 3-8 所示的快捷菜单,应用"符号"子菜单可插入"度(°)""φ""±"等特殊字符。在该快捷菜单中选择相应的选项也可对文字的各个参数进行设置。

图 3-8 快捷菜单

输入 φ60f8(-0.030/-0.076) 时,在多行文字编辑器中输入 φ60f8(-0.030/-0.076),单击鼠标左键拖动选择 φ60f8(-0.030/-0.076),单击鼠标右键,在弹出的快捷菜单中选择"堆叠"命令,结果显示为 φ60f8(-0.030/-0.076),继续单击鼠标左键拖动选择 φ60f8(-0.030/-0.076),此时下方会出现"闪电"图标 ⚡,单击 ⚡,在弹出的快捷菜单中选择"堆叠特性"命令,在弹出的"堆叠特性"对话框的"样式"下拉列表中选择"公差",单击"确定"按钮,即可完成公差输入,如图 3-9 所示。

 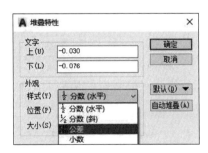

图 3-9 公差文本输入方式

3) 特殊字符

在书写文本和注释时,经常要输入一些特殊字符,如"度数符号(°)""直径符号(φ)""正/负号(±)"等,可以通过以下几种方式输入。

(1)键盘直接输入法:"度数符号(°)""直径符号(φ)""正/负号(±)"等特殊符号,可以通过"搜狗输入法"直接由键盘输入,也可以通过"软键盘"方式插入。

(2)控制码输入法:在 AutoCAD 中,这些特殊字符有专门的控制码,见表 3-2。控制码由两个百分号和一个字母组成,在输入过程中,只要输入符号的控制码,即可将该符号输入到图形中。

表 3-2 特殊字符的控制码

特殊字符	控制码
正负号(±)	%%p 或 %%P
直径(φ)	%%c 或 %%C
度号(°)	%%d 或 %%D
百分号(%)	%%%

(3)应用"多行文字编辑器"插入法。在多行文字中输入特殊字符的方法有如下几种:
①在文本输入框中输入特殊字符的控制码。
②在"多行文本编辑器"中选择"插入"|"符号"命令,选择相应的特殊符号即可插入。
③在文本输入框中右击,在弹出的快捷菜单中选择"符号"命令,继续弹出下一级子菜单,选择相应的特殊符号即可插入。
④在文本输入框中右击,在弹出的快捷菜单中选择"符号"|"其他"命令,弹出如图 3-10 所示的"字符映射表"对话框,通过该对话框也可在多行文字中插入特殊字符。

图 3-10 "字符映射表"对话框

3. 文字编辑

使用文字编辑命令可以很方便地修改文字或编辑文字的属性。常用的文字编辑方式有以下三种：

(1)选择命令面板中的"修改"|"对象"|"文字"|"编辑"命令，单击所要编辑的文字。

(2)双击文本，即可编辑文字。若用户选择的是单行文本，则系统打开文字框，用户可在该文字框中修改文本内容，如图 3-11 所示；若选择的是多行文本，则系统打开"文字编辑器"(见图 3-12)，在矩形框内修改文字。

图 3-11　编辑单行文字

(3)应用"特性"对话框修改。选择单行文本或多行文本对象，右击，在弹出的快捷菜单中选择"特性"命令，弹出"特性"对话框，如图 3-13 所示。除了对文本的内容进行编辑外，还可以对样式、对齐方式、高度等进行编辑设置。

图 3-12　编辑多行文字

图 3-13　在"特性"对话框编辑文本

3.1.4　随堂练习

将建立的其他样板文件都增加文字样式，包括书写"汉字"和"数字及字母"两种字体，并完成标题栏的绘制及文字书写。

3.2　建立具有标注样式的样板文件

3.2.1　案例介绍和知识要点

建立如下的尺寸标注样式，其标注形式如图 3-14 所示。
(1)父样式名：国标。
(2)子样式名：分别为半径、直径和角度。

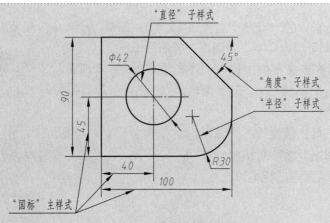

图 3-14 尺寸样式的标注形式

知识要点：
(1)国家标准关于尺寸标注的若干规定。
(2)AutoCAD 尺寸标注样式的设置方法。
(3)各类尺寸的设置要求。

3.2.2 操作步骤

设置尺寸标注样式

步骤一：打开样板文件。

(1)单击快捷访问工具栏中的"打开"按钮，弹出"选择文件"对话框。文件类型选择"图形样板(﹡.dwt)"，将建立的"A3 横放"样板文件打开。

(2)选择命令面板中的"注释"|"标注样式"命令，或者选择菜单栏中的"格式"|"标注样式"命令，弹出"标注样式管理器"对话框。

步骤二：建立尺寸标注"国标"父样式。

(1)新建标注样式：

①单击"标注样式管理器"对话框中的"新建"按钮，弹出"创建新标注样式"对话框，如图 3-15 所示。

图 3-15 "创建新标注样式"对话框

②在"新样式名"文本框中输入"国标"。
③从"基础样式"下拉列表中选择 ISO-25 选项。
④从"用于"下拉列表中选择"所有标注"选项。
⑤单击"继续"按钮,弹出"新建标注样式:国标"对话框,如图 3-16 所示。

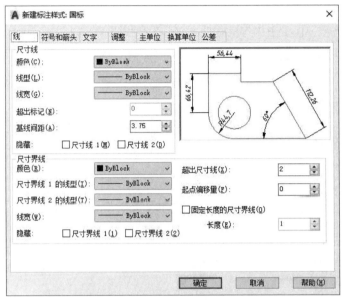

图 3-16　"新建标注样式:国标"对话框

（2）设置"线"选项卡。在"超出尺寸线"文本框中输入 2,在"起点偏移量"文本框中输入 0,其余采用默认设置,如图 3-16 所示。

（3）设置"符号和箭头"选项卡。在"箭头大小"文本框中输入 2.5,在"圆心标记"栏中,选中"标记"单选按钮,在文本框中输入 2.5,其余采用默认设置,如图 3-17 所示。

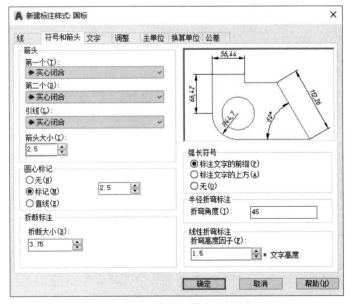

图 3-17　"符号和箭头"选项卡

(4)设置"文字"选项卡,如图3-18所示。

①打开"文字"选项卡,在"文字外观"栏中,从"文字样式"下拉列表中选择"数字"文字样式。

②在"文字高度"文本框中输入3.5。

③在"文字位置"栏中,"垂直"方向选择"上","水平"方向选择"居中","观察方向"选择"从左到右","从尺寸线偏移"文本框中输入1。

④在"文字对齐"栏中,选中"与尺寸线对齐"单选按钮。

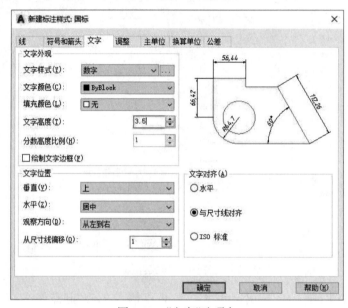

图3-18 "文字"选项卡

(5)设置"主单位"选项卡,如图3-19所示。

①打开"主单位"选项卡,在"线性标注"栏中,从"精度"下拉列表中选择0.00选项。

②从"小数分隔符"下拉列表中选择". '(句点)"选项。

③"前缀"和"后缀"文本框留空,不添加任何信息。

④在"测量单位比例"栏中,"比例因子"文本框中输入1。

⑤在"角度标注"栏中选择默认选项。

(6)设置"调整""换算单位""公差"选项卡均采用默认,单击"确定"按钮。

步骤三:建立"国标"父样式的"半径"标注子样式。

(1)新建"半径"标注子样式。

①单击"标注样式管理器"对话框中的"新建"按钮,弹出"创建新标注样式"对话框,如图3-20所示。

②忽略"新样式名"的文本框不填,从"基础样式"下拉列表中选择"国标"选项。

③从"用于"下拉列表中选择"半径标注"选项。

④单击"继续"按钮,弹出"新建标注样式:国标:半径"对话框。

在"创建新标注样式"对话框中,从"用于"下拉列表中选择"所有标注"选项,则建立一个父样式,用户可对该样式进行命名;从"用于"下拉列表中选择除"所有标注"之外的其他标注类型选项,则建立的是子样式,如半径、直径、角度等。若建立的是子样式,则不需要确定样式名称,仅针对选择的基础样式进行修改。

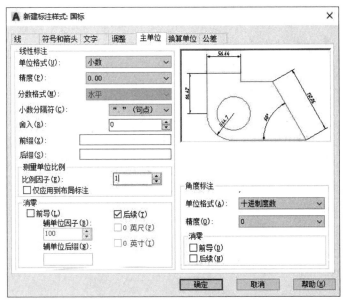

图 3-19 "主单位"选项卡

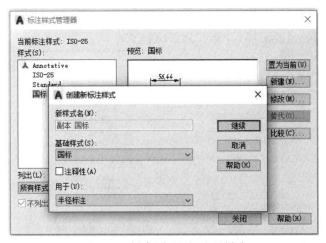

图 3-20 创建"半径"标注子样式

（2）设置"文字"选项卡。打开"文字"选项卡，在"文字对齐"栏中，选中"ISO 标准"单选按钮，如图 3-21 所示。

（3）设置"调整"选项卡。打开"调整"选项卡，在"调整选项"栏中，选中"文字和箭头"单选按钮，如图 3-22 所示。

（4）其他选项卡的设置不变，单击"确定"按钮，完成"半径"子样式设置。

步骤四：建立"国标"父样式的"直径"标注子样式。

（1）新建"直径"标注子样式：

①与"半径"子样式创建方法相同，单击"标注样式管理器"对话框中的"新建"按钮，弹出

"创建新标注样式"对话框，如图 3-23 所示。

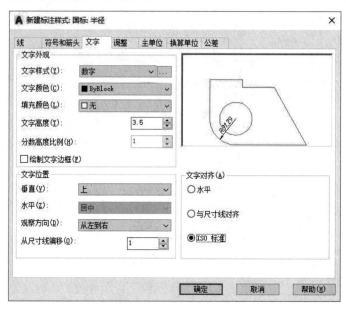

图 3-21 "文字"选项卡

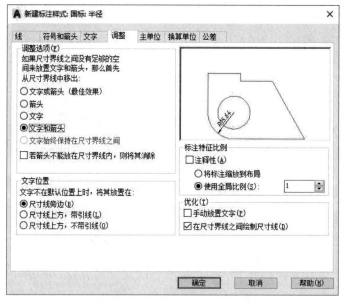

图 3-22 "调整"选项卡

②"新样式名"文本框不填写内容，从"基础样式"下拉列表中选择"国标"选项。
③从"用于"下拉列表中选择"直径标注"选项。
④单击"继续"按钮，弹出"新建标注样式：国标：直径"对话框。
（2）设置"文字"和"调整"选项卡。操作步骤与"半径"子样式完全相同，不再赘述。单击"确定"按钮，完成"直径"子样式设置。

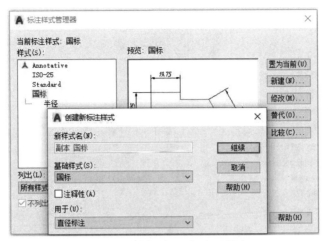

图 3-23 创建"直径"标注子样式

步骤五：建立"国标"父样式的"角度"标注子样式。

(1) 新建"角度"标注子样式：

①与"半径"子样式创建方法相同，单击"标注样式管理器"对话框中的"新建"按钮，弹出"创建新标注样式"对话框，如图 3-24 所示。

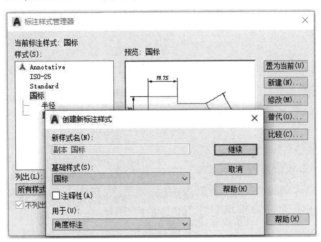

图 3-24 创建"角度"标注子样式

②"新样式名"文本框不填写内容，从"基础样式"下拉列表中选择"国标"选项。

③从"用于"下拉列表中选择"角度标注"选项。

④单击"继续"按钮，弹出"新建标注样式：国标：角度"对话框。

(2) 设置"文字"选项卡。打开"文字"选项卡，在"文字对齐"栏中，选中"水平"单选按钮，如图 3-25 所示。

(3) 其他选项卡的设置不变，单击"确定"按钮，完成"角度"子样式设置。

步骤六：保存样板文件。

单击"保存"按钮，保存文件名为"A3 横放"的样板文件，该样板文件中包含了尺寸标注"国标"父样式和"半径"、"直径"、"角度"子样式。

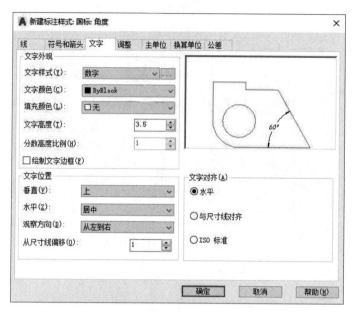

图 3-25 "文字"选项卡

3.2.3 知识拓展——尺寸标注的应用

1. 半径标注

小于或等于半圆的圆弧必须标注半径,并在尺寸数字前加注半径符号 R,且半径尺寸必须标注在投影为圆的视图上。尺寸线从圆心引出,箭头指向圆弧。尺寸数字标注在圆弧内部时,其书写方向与尺寸线对齐;尺寸数字标注在圆弧外部时,应采用指引线方式水平书写,如图 3-26 所示。

2. 直径标注

大于半圆的圆弧或整圆必须标注直径,并在尺寸数字前加注直径符号 φ。尺寸线通过圆心,箭头指向圆弧。尺寸数字标注在圆弧内部时,其书写方向与尺寸线对齐;尺寸数字标注在圆弧外部时,应采用指引线方式水平书写,如图 3-27 所示。

3. 角度标注

标注角度的数字,一律写成水平方向,一般应写在尺寸线的中断处,必要时允许注写在尺寸线的上方或外面,过于狭窄的位置也可以引出标注,如图 3-28 所示。

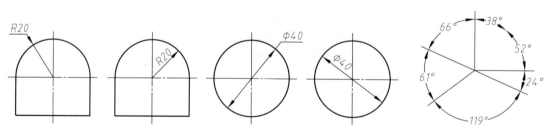

图 3-26 半径尺寸标注样式　　图 3-27 直径尺寸标注样式　　图 3-28 角度尺寸标注样式

3.2.4 随堂练习

将建立的其他样板文件都添加尺寸标注样式,包括"国标"主样式及"半径""直径""角度"子样式。

3.3 平面图形的尺寸标注

3.3.1 案例介绍和知识要点

绘制如图 3-29 所示的平面图形,并标注尺寸。

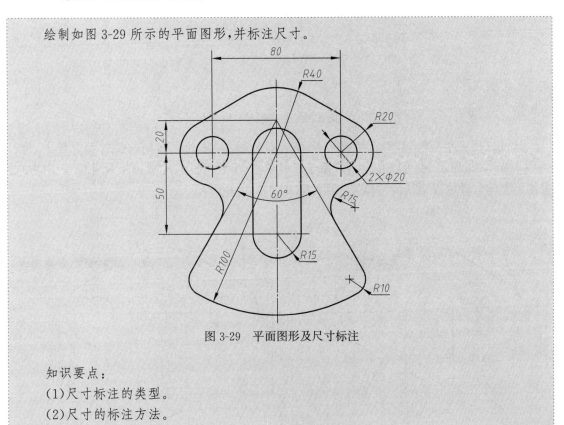

图 3-29 平面图形及尺寸标注

知识要点:
(1)尺寸标注的类型。
(2)尺寸的标注方法。

3.3.2 操作步骤

视频

标注平面
图形尺寸

步骤一: 新建文件。
(1)打开 2.2.5 节随堂练习中建立的图 2-27(c)平面图形文件。
(2)选择标注图层。
步骤二: 标注尺寸。
(1)选择"国标"样式,执行"标注"|"线性"标注,依次选择两个小圆的圆心 1 点和 2 点,移动鼠标到尺寸放置位置并单击,标注 80,如图 3-30 所示。也可以在"注释"命令面板单击"线性"标注,完成以上尺寸标注。同理标注 20 和 50。

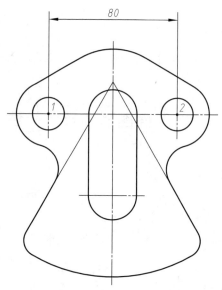

图 3-30 标注线性尺寸

(2)执行"标注"|"半径"标注,单击选择上面的圆弧,移动鼠标到圆弧外面并单击,标注 $R40$,如图 3-31 所示;也可以在"注释"命令面板单击"半径"标注,完成以上尺寸标注。同理根据图形空间合理放置半径尺寸位置,标注 $R20$、$R15$ 和 $R100$。

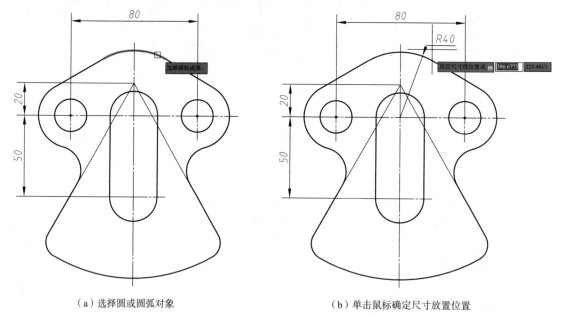

(a)选择圆或圆弧对象　　　　　　(b)单击鼠标确定尺寸放置位置

图 3-31 标注半径尺寸

(3)执行"标注"|"直径"标注,单击选择右上方的小圆,移动鼠标到圆弧外面并单击,标注 $\phi 20$,如图 3-32 所示;也可以在"注释"命令面板单击"直径"标注,完成以上尺寸标注。

(4)双击 $\phi 20$,打开"文字编辑器",将文字修改为"$2 \times \phi 20$",如图 3-33 所示。

(5)执行"标注"|"角度"标注,分别选择细实线 3 和 4,移动鼠标到尺寸放置位置并单击,

标注 60°，如图 3-33 所示；也可以在"注释"命令面板单击"角度"标注，完成以上尺寸标注。

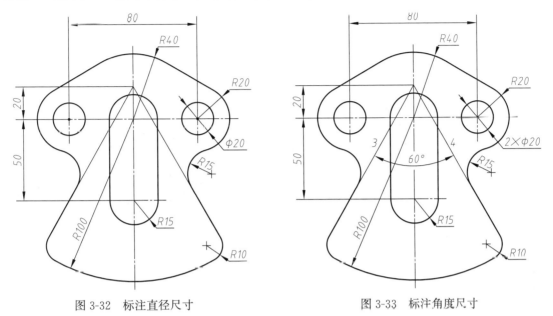

图 3-32　标注直径尺寸　　　　　　图 3-33　标注角度尺寸

步骤三：整理尺寸并保存。

整理尺寸，单击尺寸标注的蓝色夹点，使其变红，拖动到合适位置，使图形整体清晰。执行"修改"|"打断"命令，将穿过 60°尺寸的中心线打断，完成尺寸标注，参见图 3-29。

单击"保存"按钮。

3.3.3　知识拓展

1. 尺寸标注

1）尺寸标注类型

AutoCAD 提供了几种基本的标注类型：线性标注、对齐标注、半径标注、直径标注、角度标注、连续标注、基线标注等，如图 3-34 所示。

2）尺寸标注命令

标注菜单栏如图 3-35 所示。

(1) 线性标注：可以标注对象在水平或垂直方向的尺寸。选择"标注"|"线性"命令，或者单击"注释"命令面板中的 线性 按钮，都可创建用于标注两点之间的水平或竖直距离测量值，如图 3-36 所示。

(2) 对齐标注：可以标注对象在倾斜方向的尺寸。选择"标注"|"对齐"命令，或者单击"注释"命令面板中的 对齐 按钮，都可创建用于标注两点之间倾斜的距离测量值，如图 3-37 所示。

(3) 半径标注：可以标注圆或圆弧的半径尺寸。选择"标注"|"半径"命令，或者单击"注释"命令面板中的 半径 按钮，选择圆或圆弧即可标注半径测量值，系统自动在数字前加符号 R。

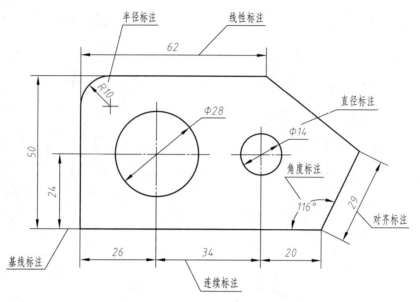

图 3-34 尺寸标注类型

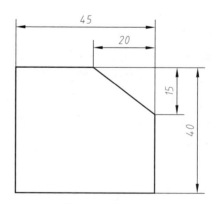

图 3-35 "标注"菜单　　　　图 3-36 线性标注

(4)直径标注:可以标注圆或圆弧的直径尺寸。选择"标注"|"直径"命令,或者单击"注释"命令面板中的 ⊘ 直径 按钮,选择圆或圆弧即可标注直径测量值,系统自动在数字前加符号ϕ,如图3-38所示。

需要说明的是,直径尺寸也可注写在投影为非圆的视图上,如图3-38所示的ϕ26。此时表示直径的尺寸为一条直线段,需要通过"线性"标注完成,完成后双击尺寸数字,在其前方添加符号ϕ。也可以通过特性,在尺寸数字前添加前缀符号ϕ。

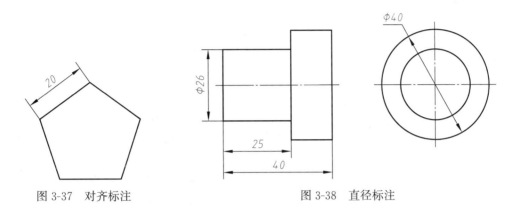

图3-37 对齐标注　　　　图3-38 直径标注

(5)角度标注:可以标注两条直线的夹角、圆弧的圆心角、圆上任意两点的圆心角及三个点之间的角度。选择"标注"|"角度"命令,或者单击"注释"命令面板中的 △ 角度 按钮,选择直线、圆弧、圆或点即可标注角度测量值,系统自动在数字后加符号"°"。标注角度尺寸时,同样选择1和2两条直线后,鼠标确定角度尺寸放置位置时,其所在位置不同,标注的角度也会有所不同,如图3-39所示。

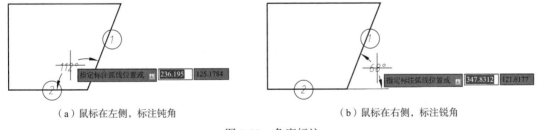

(a)鼠标在左侧,标注钝角　　　　(b)鼠标在右侧,标注锐角

图3-39 角度标注

(6)使用单个命令创建多个标注和标注类型。单击"注释"命令面板中的 按钮,执行标注命令DIM。该命令可以根据用户选择的对象自动标注尺寸类型,如线性、对齐、半径等,且可以依次创建多个标注。

选择要标注的对象或对象上的点,然后单击以放置尺寸线。当用户将光标悬停在对象上时,DIM命令将自动生成要使用的合适标注类型的预览。

2. 平面图形尺寸标注

平面图形中标注的尺寸,要求做到正确、完整、清晰。正确是指严格按照国家标准规定注写,完整是指尺寸不遗漏、不重复,清晰是指尺寸布局合理、整齐。

标注平面图形尺寸时,应采用以下步骤完成:
(1)根据图形特点,确定两个方向的基准。
(2)标注已知线段的定形尺寸和两个方向的定位尺寸。
(3)标注中间线段的定形尺寸和一个方向的定位尺寸。
(4)标注连接线段的定形尺寸,连接线段无定位尺寸。

3.3.4 随堂练习

1. 绘制如图 3-40(a)所示的矩形垫片,标注尺寸并回答图中阴影部分的面积为多少?
2. 绘制如图 3-40(b)所示的三角形垫片,标注尺寸并回答图中阴影部分的面积为多少?

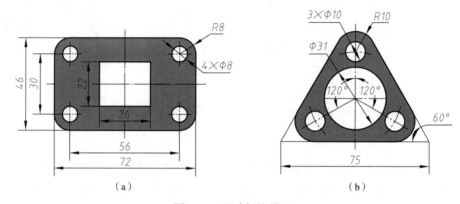

图 3-40 尺寸标注练习

3.4 上机练习

1. 建立 A4 横放且留装订边的样板文件,如图 3-41 所示。要求包含图层(粗实线、细实线、中心线、虚线、尺寸,共 5 个图层)、标注样式设置(线性、直径、半径、角度等尺寸均符合国标规定)和文字样式设置(汉字和数字、字母均符合国标规定),图纸幅面和标题栏不标注尺寸。

2. 绘制图 3-42 所示平面图形,并标注尺寸。请问:
(1)区域 1 的面积为多少?
(2)区域 2 的周长为多少?

3. 绘制图 3-43 所示平面图形,并标注尺寸。请问:
(1)区域 1 的面积为多少?
(2)区域 2 的周长为多少?

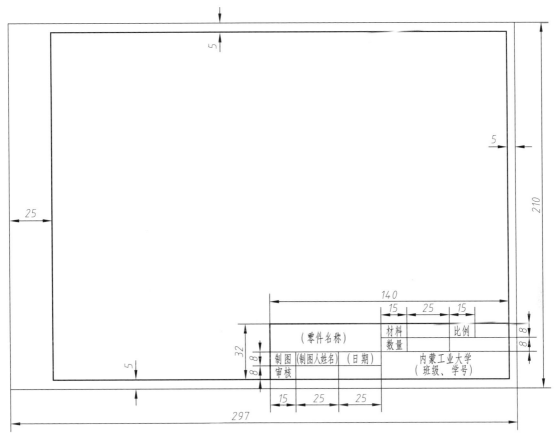

图 3-41 建立 A4 样板文件

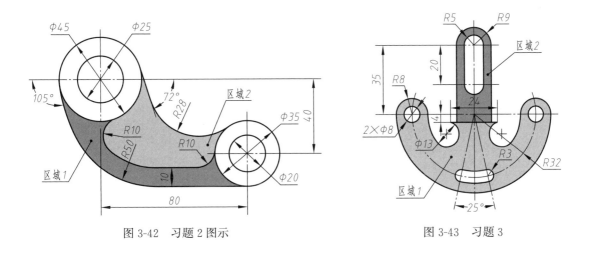

图 3-42 习题 2 图示   图 3-43 习题 3

第 4 章 绘制形体视图

在 AutoCAD 中绘制形体视图包括绘制立体视图、截交线、相贯线、组合体三视图、基本视图、局部视图、斜视图及剖视图等。

4.1 切割式组合体三视图

4.1.1 案例介绍和知识要点

绘制如图 4-1 所示切割式组合体的三视图。

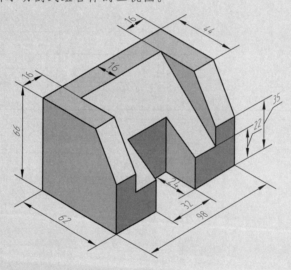

图 4-1 切割式组合体

知识要点：
(1)切割式组合体三视图的绘制方法。
(2)三视图的投影规律。
(3)对象追踪的使用方法。

4.1.2 绘图分析

(1)将组合体填平补齐得长方体Ⅰ。
(2)分别切去Ⅱ、Ⅲ、Ⅳ而成，如图 4-2 所示。

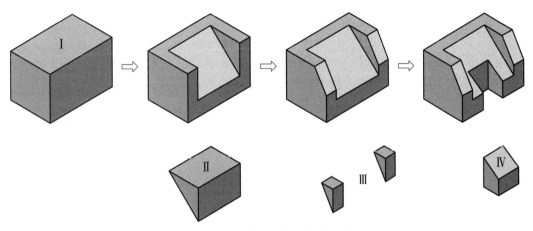

图 4-2　切割式组合体形体分析

4.1.3　操作步骤

步骤一：新建文件。

利用建立的"A3 横放"样板文件新建图形，保存为"4－1 切割式组合体"。

步骤二：绘制长方体Ⅰ。

布置视图，如图 4-3 所示。

（1）该形体左右对称，主视图和俯视图应分别绘制中心线。切换至"中心线"图层，在图纸适当位置用"直线"命令绘制主视图和俯视图中心线。

（2）切换至"粗实线"图层，以主视图中心线为基准，用"直线"命令绘制 98×66 的长方形，完成主视图。

（3）重复执行"直线"命令，利用对象追踪方式，绘制 98×62 的长方形，完成俯视图。

（4）重复执行"直线"命令，利用对象追踪方式，绘制 66×62 的长方形，完成左视图。

以上作图也可以用"矩形"绘制长方形，请读者自行练习。

步骤三：切去形体Ⅱ，如图 4-4 所示。

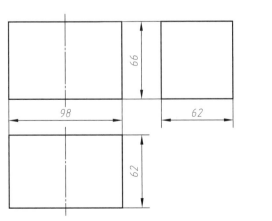

图 4-3　绘制长方体Ⅰ的三视图

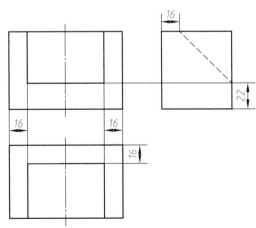

图 4-4　切去形体Ⅱ

(1)绘制反应特征的左视图,切换至"虚线"图层,以22和16确定两点,执行"直线"命令完成左视图。

(2)切换至"粗实线"图层,执行"直线"命令,从主视图左上方找出距离左侧16的点,利用极轴追踪竖直向下绘制直线段,再利用对象追踪与左视图斜线"高平齐"后单击;同理,绘制另外两条直线段,完成主视图绘制。

(3)执行"直线"命令,利用对象追踪从形体Ⅱ主视图左侧"长对正"与俯视图最前面的交点为起点,利用极轴追踪从前向后绘制长度为46(即62-16)的直线段,再利用对象追踪与主视图"长对正"后绘制水平线和竖直线,完成俯视图绘制。

步骤四: 切去形体Ⅲ,如图4-5所示。

(1)绘制反映特征的左视图,以44和35确定两点,执行"直线"命令绘制斜线,执行"修剪"命令剪去尖角,完成左视图。

(2)执行"直线"命令,利用对象追踪与左视图斜线"高平齐"绘制两条直线段,完成主视图。

(3)执行"直线"命令,利用临时追踪从俯视图后方44开始绘制两条直线段,完成俯视图。

步骤五: 切去形体Ⅳ,如图4-6所示。

(1)绘制反应特征的俯视图,以中心线与前端面的交点为圆心,以32为直径绘制辅助圆。执行"直线"命令绘制32×24长方形,执行"修剪"命令剪去前方粗实线,完成俯视图。

(2)在左视图绘制半径为24的辅助圆。执行"直线"命令,利用对象捕捉与极轴追踪绘制竖直线(虚线)与斜线相交,完成左视图。

(3)执行"直线"命令,利用对象追踪绘制主视图长方形,并修剪,如图4-6所示。

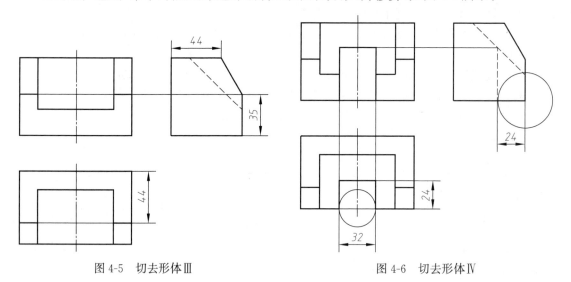

图4-5 切去形体Ⅲ　　　　　图4-6 切去形体Ⅳ

步骤六: 检查修改。

检查修改,删除作图辅助线。

步骤七: 标注尺寸。

采用形体分析法标注组合体尺寸。根据形体特点,确定长度方向基准为中心线,宽度方向基准为后端面,高度方向基准为底面,如图4-7所示。

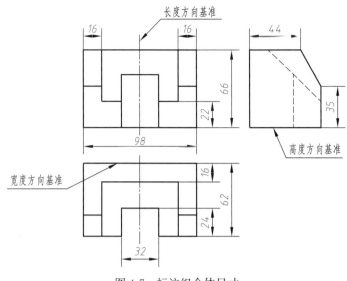

图 4-7 标注组合体尺寸

（1）长方体Ⅰ的尺寸。长方体的定形尺寸为长、宽、高。执行"线性"标注，分别标注 98、62 和 66。

（2）切去形体Ⅱ的尺寸。标注切去形体Ⅱ的定位尺寸。

宽度方向 16 和高度方向 22 两个尺寸确定了切槽平面在左视图的位置，由于左视图显示为虚线，按照国家标准规定——虚线上不可以标注尺寸，将 16 和 22 两个尺寸分别标注在俯视图和主视图上。

长度方向定位尺寸为左右各 16，在主视图上方标注。

切去形体Ⅱ的定型尺寸由定位尺寸完全确定，故不再重复标注。

（3）切去形体Ⅲ的尺寸。标注切去形体Ⅲ的定位尺寸，宽度方向 44 和高度方向 35 两个尺寸确定了切平面在左视图的位置，这两个尺寸在左视图上直接标注。

切平面完全贯穿，无定形尺寸。

（4）切去形体Ⅳ的尺寸。切去形体Ⅳ的定位尺寸，长度方向在形体中间，与中心线重合，宽度方向与形体前端面重合，高度方向与底面重合，因此无须标注定位尺寸。

标注切去形体Ⅳ的定形尺寸。长度方向 32 和宽度方向 24 两个尺寸分别在俯视图标注，高度方向与斜面相交，为通槽，无须标注。

步骤八：保存文件。

单击快速访问工具栏中的 ■ 按钮，保存文件，完成绘图。

4.1.4 知识拓展

1. 切割式组合体的绘制

当形体分析为切割式组合体时，应从整体出发，把原来的形体填平补齐为长方体或圆柱体等基本形体，先绘制基本形体的三视图，然后按照分析的切割顺序，依次绘制切去部分的三视图，最终形成组合体的三视图。

需要说明的是，采用形体分析法绘制组合体视图时，每画一个形体，都要同时绘制其三个视图。而三视图中,应先画其特征视图,再根据三等关系(长对正、高平齐、宽相等)补齐另外两个视图。

2. 组合体的尺寸标注

1)采用形体分析法将尺寸标注完整

首先确定基准,然后按照形体分析法将组合体分解为若干基本体,再标注各个基本形体的定形尺寸和定位尺寸,最后进行尺寸标注的综合调整。为了表示组合体外形的总长、总宽、总高,一般应标注相应的总体尺寸。为了避免重复标注,还应做适当的调整。

2)尺寸安排清晰

为了使图面清晰,便于看图,还应将某些尺寸的位置进行适当的调整。安排尺寸时应考虑以下几点:

(1)尺寸应尽量标注在表示形体特征最明显的视图上。

(2)同一形体的尺寸应尽量集中标注在一个视图上。

(3)尺寸应尽量标注在视图的外部,以保持图形清晰。同一方向连续的几个尺寸尽量放在一条线上,以使尺寸标注显得较为整齐。

(4)同轴回转体的直径尺寸尽量标注在投影为非圆的视图上。

(5)尺寸应尽量避免标注在虚线上。

(6)尺寸线、尺寸界线与轮廓线应尽量避免相交。

4.1.5 随堂练习

1. 绘制如图 4-8 所示四棱台截切后的三视图,并回答以下问题。

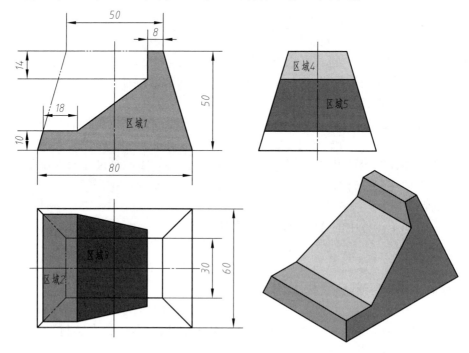

图 4-8 四棱台截切体

(1)区域1的面积为多少?(2)区域2的面积为多少?(3)区域3的面积为多少?(4)区域4的面积为多少?(5)区域5的面积为多少?

2. 绘制如图4-9所示正六棱柱截切后的三视图,并回答以下问题。

(1)区域1的面积为多少?(2)区域2的面积为多少?(3)区域3的面积为多少?(4)区域4的面积为多少?(5)区域5的面积为多少?

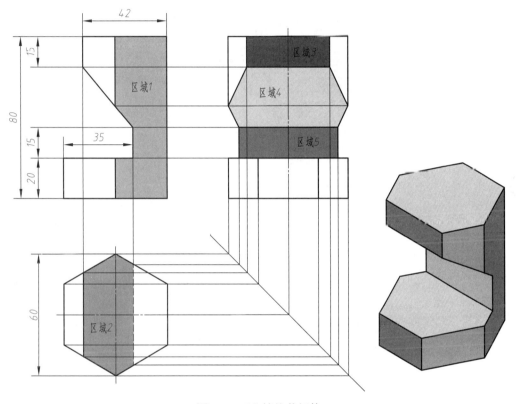

图4-9 正六棱柱截切体

4.2 叠加式组合体三视图

4.2.1 案例介绍和知识要点

绘制支座的三视图,其轴测图如图4-10所示。

知识要点:

(1)叠加式组合体的绘图方法。

(2)叠加式组合体的表面过渡关系。

(3)尺寸公差的标注方法。

(4)表面结构的标注方法。

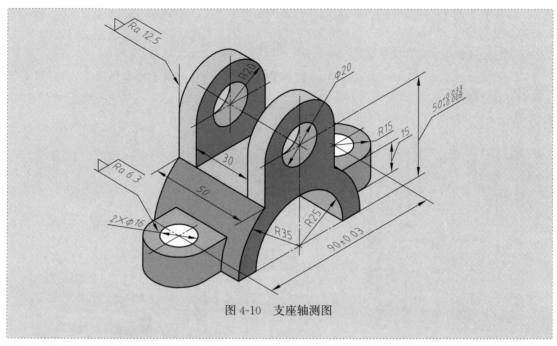

图 4-10 支座轴测图

绘制叠加式组合体三视图

4.2.2 绘图分析

(1)利用形体分析法将其分解为三部分:半圆柱筒Ⅰ、U 形板Ⅱ和两侧耳板Ⅲ,如图 4-11(a)所示。

(2)根据形状特征原则,选择半圆柱筒正垂放置作为主视图,如图 4-11(b)中箭头所指方向。

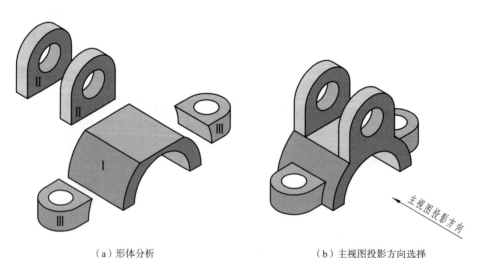

(a)形体分析　　　　　　　　　　　(b)主视图投影方向选择

图 4-11 尺寸分析

具体绘图步骤如下:
(1)布置视图:绘制各视图的基准线、对称线以及主要形体的轴线和中心线。

(2)采用形体分析法绘制各部分视图,绘图顺序为:半圆柱筒Ⅰ→U形板Ⅱ→两侧耳板Ⅲ,注意按照各部分之间的相对位置以及投影情况确定交线。

(3)标注尺寸及表面粗糙度。

(4)检查修改,完成绘制。

4.2.3 操作步骤

步骤一: 新建文件。

利用建立的"A3横放"样板文件新建图形,保存为"4-2 支座"。

步骤二: 布置视图,绘制45°作图辅助线。

(1)绘制中心线、轴线和对称线。

(2)以俯视图和左视图对称线为基准,绘制45°作图辅助线。

绘制结果如图4-12所示。

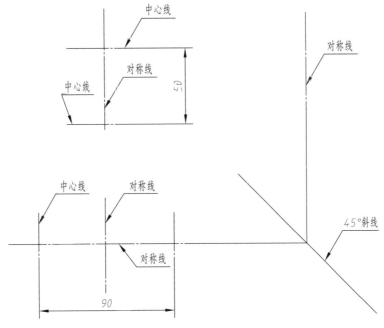

图4-12 绘制基准线

步骤三: 绘制半圆柱筒Ⅰ的视图。

(1)绘制主视图中$R35$和$R25$的两个圆,将其修剪为半圆。

(2)采用对象追踪方式绘制俯视图中半圆柱筒外表面的矩形。可以利用对象追踪方式从水平中心线处1点位置起绘制一半25,再用夹点方式拉伸直线成为50;其余3条边均可利用对象追踪完成。半圆柱筒内表面轮廓线在俯视图中不可见,用虚线绘制。

(3)采用45°斜线和对象追踪方式绘制左视图矩形。

利用对象追踪方式画图时,采用"先捕捉、后追踪、再确定"的顺序。例如,绘制左视图内表面虚线时,作图步骤如下:

①执行"直线"命令,首先移动鼠标到A点,出现捕捉点为"交点"。

②移动鼠标会出现一条追踪线,鼠标一直向右到后端面时,出现追踪线与后端面的交点 B,单击,确定直线的第一个端点。

③继续移动鼠标,追踪到交点 C,单击,确定直线的第二个端点。

绘制结果如图 4-13 所示。

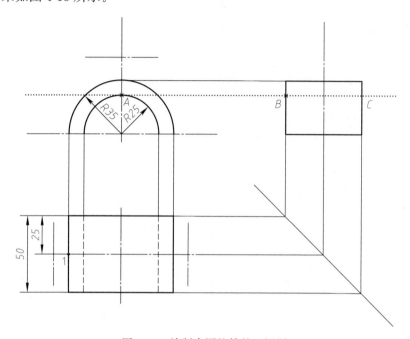

图 4-13　绘制半圆柱筒的三视图

步骤四:绘制 U 形板Ⅱ的视图。

(1)绘制 U 形板主视图半圆 $R20$ 和左右两边直线,与 $R35$ 圆弧相交,并绘制为虚线。

(2)以虚线为剪切边界,将 $R35$ 圆弧上面部分修剪,同时绘制俯视图、左视图中半圆柱筒切割后的外形交线。

(3)采用对象追踪方式以及 45°斜线,绘制俯视图、左视图中的后面 U 形板外形轮廓线。

(4)绘制主视图$\phi 20$ 圆,采用对象追踪方式绘制俯视图、左视图中圆孔不可见的内轮廓线。

(5)执行"镜像"命令,选择对称线上 A、B 两点作为镜像线,将俯视图中后面 U 形板的视图镜像到前面;同理完成左视图。

绘制结果如图 4-14 所示。

步骤五:绘制两侧耳板Ⅲ的视图。

(1)绘制右侧耳板俯视图半圆 $R15$、圆 $\phi 16$。

(2)采用对象追踪方式,绘制右侧耳板主视图外形轮廓线和不可见的内轮廓线。

(3)采用对象追踪方式,绘制俯视图中耳板与半圆柱筒的交线,并修剪多余的图线。

(4)执行"镜像"命令,选择左右对称线作为镜像线,将主、俯视图中右侧耳板的视图镜像到左侧。

(5)采用对象追踪方式以及 45°斜线,绘制耳板的左视图。

绘制结果如图 4-15 所示。

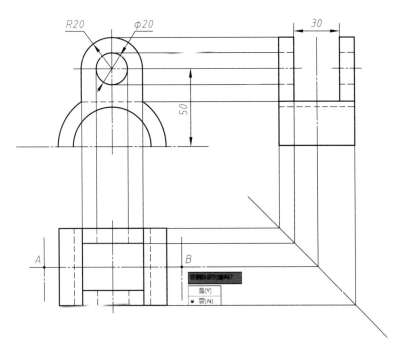

图 4-14 绘制 U 形板的三视图

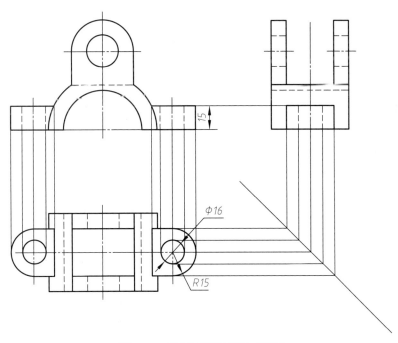

图 4-15 绘制两侧耳板的三视图

步骤六：检查修改。
检查修改，删除或隐藏作图辅助线。
步骤七：标注尺寸。

采用形体分析法标注组合体尺寸。根据形体特点，确定长度和宽度方向基准为中心线，高度方向基准为底面，如图4-16所示。

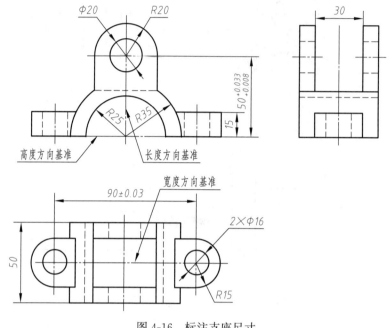

图4-16 标注支座尺寸

(1)半圆柱筒Ⅰ的尺寸。半圆柱筒的定形尺寸为内、外表面半径及圆筒长度。执行"半径"标注，分别选择主视图圆弧标注R35、R25；执行"线性"标注，标注50。

(2)U形板Ⅱ的尺寸：

①U形板Ⅱ的定位尺寸。长度方向与基准重合，执行"线性"标注，标注宽度方向30和高度方向50。

②U形板Ⅱ的定形尺寸。执行"半径"标注，选择主视图中U形板外圆弧标注R20；执行"直径"标注，选择圆孔标注φ20。

(3)耳板Ⅲ的尺寸：

①耳板Ⅲ的定位尺寸。执行"线性"标注，标注长度方向90，宽度和高度方向与基准重合。

②耳板Ⅲ的定形尺寸。执行"半径"标注，选择俯视图中U形板外圆弧标注R15；执行"直径"标注，选择圆孔标注φ16；执行"线性"标注，在主视图标注耳板高度15。

(4)编辑、调整尺寸：

①双击直径尺寸φ16，弹出"文本编辑器"，将该尺寸数值修改为"2×φ16"。

②双击直径尺寸90，弹出"文本编辑器"，将该尺寸数值修改为"90±0.03"，其中"±"号通过控制码"%%P"输入。

③选择尺寸50并右击，在弹出的快捷菜单中选择"特性"命令，在"特性"管理器对话框中，选择"公差"选项卡，分别设置公差形式为"极限偏差"，下偏差为"－0.008"，上偏差为"0.033"，水平放置公差为"中"，公差精度为"0.000"，公差文字高度为"0.7"，其余均选择默认值，如图4-17所示。

图 4-17 "特性"管理器对话框标注尺寸公差

步骤八：标注表面结构符号。

以"5.3.3 步骤八标注表面粗糙度"所述创建"图块"方式标注表面结构，绘制完成的支座三视图如图 4-18 所示。

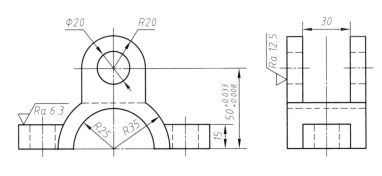

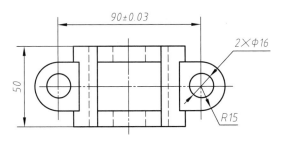

图 4-18 支座三视图

步骤九:保存文件。

单击快速访问工具栏中的 ![保存] 按钮,保存文件,完成绘图。

4.2.4　知识拓展——编辑尺寸标注

标注尺寸之后,可以使用尺寸编辑命令来改变尺寸线的位置、尺寸数字的大小等。编辑尺寸标注包括样式修改和单个尺寸对象修改。

通过修改尺寸标注样式,可以修改全部采用该样式标注的尺寸。

单个尺寸对象中包含尺寸线、尺寸界线、箭头、文字、颜色、比例等特性,一般可在"特性"选项板中修改单个尺寸对象的标注内容及各种特性。选择尺寸对象后,右击,在弹出的快捷菜单中选择需要更改的内容,即可进行编辑,如图 4-19 所示。

图 4-19　"特性"管理器编辑尺寸

4.2.5　随堂练习

完成如图 4-20(a)、图 4-20(b)所示两立体的三视图。

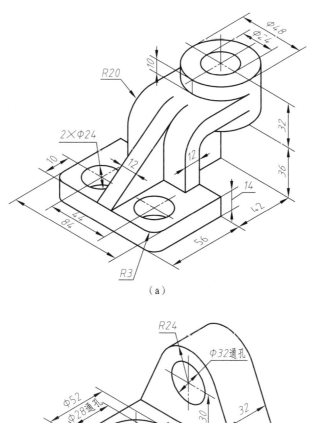

(a)

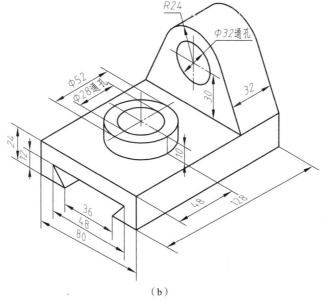

(b)

图 4-20 叠加式组合体

4.3 绘制形体的剖视图

4.3.1 案例介绍和知识要点

绘制形体的俯视图和左视图,补画主视全剖视图,如图 4-21 所示。

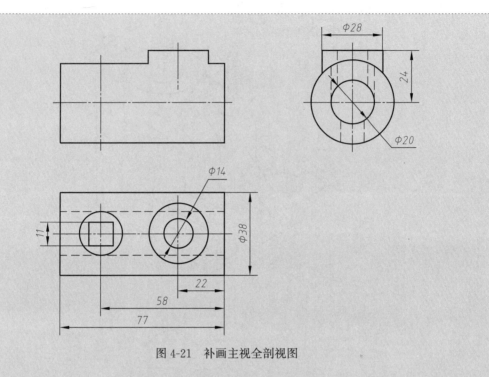

图 4-21 补画主视全剖视图

知识要点:
(1)剖视图的绘图方法。
(2)图案填充命令的使用方法。

视频

绘制形体的剖视图

4.3.2 绘图分析

(1)进行形体分析,将形体分为两部分:底部圆筒和右上侧圆柱凸台。
(2)右上侧圆柱凸台上有一圆孔,切除到圆筒中心。
(3)圆筒左侧的上半部分切除圆孔,下半部分切除方孔,如图 4-22 所示。

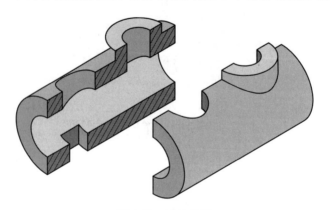

图 4-22 形体分析

4.3.3 操作步骤

步骤一：新建文件。

利用建立的"A4 横放"样板文件新建图形,保存为"4-3 形体全剖视图"。

步骤二：布置视图,抄画已知视图。

根据给定的尺寸及图形,布置视图,并抄画俯视图和左视图。

步骤三：绘制圆筒和凸台。

采用对象追踪方式,绘制圆筒和圆柱凸台的主视全剖视图,如图 4-23 所示。

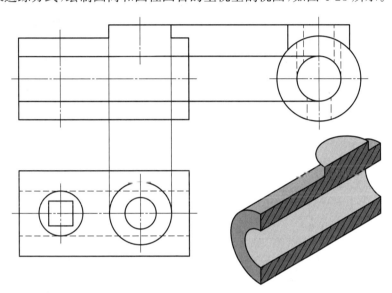

图 4-23 绘制圆筒和圆柱凸台

步骤四：绘制圆柱凸台上的圆孔。

(1)采用对象追踪方式,将俯视图的圆追踪到主视图,绘制圆孔的轮廓线,找到 a' 和 b' 两点。

(2)采用对象追踪方式,找到相贯线的 c' 点。

(3)执行"圆弧"命令,依次选择 a'、c'、b' 点,完成圆孔与圆筒内表面相贯线绘制,如图 4-24 所示。

步骤五：绘制圆筒左侧上方的圆孔和下方的方孔。

(1)采用对象追踪方式,将俯视图的圆追踪到主视图,绘制圆孔的轮廓线,找到 d' 和 e' 两点。

(2)采用对象追踪方式,找到相贯线的 f' 点。

(3)执行"圆弧"命令,依次选择 d'、f'、e' 点,完成圆孔与圆筒外表面相贯线绘制。

(4)圆孔与圆筒内表面直径相等,相贯线积聚为直线,分别从轮廓线交点到轴线交点绘制内表面相贯线,并修剪轮廓线。

(5)同理采用对象追踪方式,找出下面方孔的各交点,用直线连接各点,绘制出相贯线,并修剪轮廓线,如图 4-25 所示。

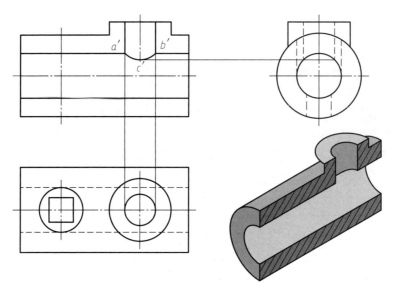

图 4-24　绘制圆柱凸台上的圆孔

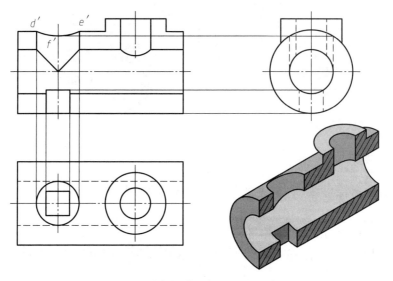

图 4-25　绘制圆筒左侧的圆孔和方孔

步骤六：绘制剖面线。

(1) 切换至"细实线"图层,单击"绘图"命令面板中的"图案填充"按钮 ▨ 。

(2) 在"图案填充创建"编辑器中,"图案"列表选择 ANSI31,"特性"栏中角度设置为 0,比例设置为 0.7。

(3) 单击"拾取点"按钮,在绘图窗口要绘制剖面线的区域内部单击,可即时显示填充效果预览,如图 4-26 所示。

图 4-26 "图案填充创建"编辑器

(4)填充区域选择完成后,单击"关闭图案填充创建"按钮 ,也可以右击,在弹出的快捷菜单中选择"确定"命令,完成剖面线绘制。绘制的剖面线整体作为一个对象,如图 4-27 所示。

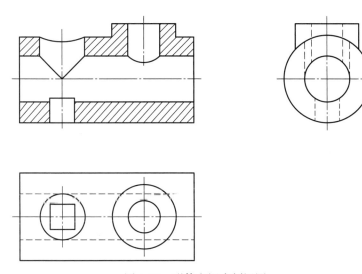

图 4-27 形体主视全剖视图

步骤七:保存文件。

单击快速访问工具栏中的 按钮,保存文件,完成绘图。

4.3.4 知识拓展——图案填充

在工程设计中,经常要把某种图案(如机械设计中的剖面线、建筑设计中的建筑材料符号等)填入某一指定区域,这属于图案填充。

执行"图案填充"命令后,弹出"图案填充创建"编辑器,分别设置填充的图案、填充区域和填充方式三项内容。也可以单击"选项"右侧的下拉按钮 ,弹出"图案填充和渐变色"对话框,如图 4-28 所示。在此对话框也可完成以上内容的设置。

(1)类型和图案:AutoCAD 提供了实体填充及多种行业标准的填充图案,用户可根据需要选择相应的图案。

(2)角度和比例:

①角度:指定填充图案的角度。机械制图规定剖面线的角度为 45°,若选用图案为 ANSI31,应设置该值为 0;若剖面线为向左倾斜 45°,则应设置该值为 90°。

②比例:用于放大或缩小图案中图线间的间距。例如,装配图中不同零件的剖面线应不同,此时可通过比例调整剖面线的间距。

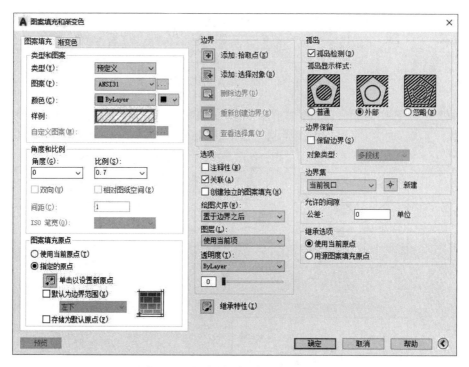

图 4-28 "图案填充和渐变色"对话框

（3）边界：即填充图案的区域，AutoCAD 提供了多种方法指定图案填充区域。

①添加：拾取点，指定填充对象封闭区域内的点。单击该按钮，系统临时关闭对话框，用户可以直接单击要填充的区域，这种方式默认确定填充边界，要求填充区域图形必须是封闭的。

②添加：选择对象，根据构成封闭区域的选定对象确定填充边界。单击该按钮，系统临时关闭对话框，用户根据需要选择对象，构成填充边界。

（4）选项：

①注释性：可以在打印中或者屏幕上显示不同比例的填充图案。

②关联：控制图案填充的关联。若修改图案填充的边界时，关联的图案填充，其图案将随边界的修改而更新。

③创建独立的图案填充：当同时确定几个独立的闭合边界时，图案是一个对象。通过创建独立的图案填充将图案变为各自独立的对象，相当于分别填充，得到各自的对象。

（5）孤岛：位于填充区域内部的封闭区域称为孤岛。孤岛可以嵌套，其显示样式有普通、外部、忽略。

图案填充后，有时需要修改其图案或边界等，可以单击选择填充图案，在弹出的"图案填充编辑器"中进行编辑；也可以右击填充图案，在弹出的快捷菜单中选择"特性"命令，在"特性"管理器中进行修改。

4.3.5 随堂练习

1. 选择 A4 图幅,根据图 4-29 所示组合体的主视图和俯视图,绘制该组合体主视全剖视图和俯视图,并标注尺寸。

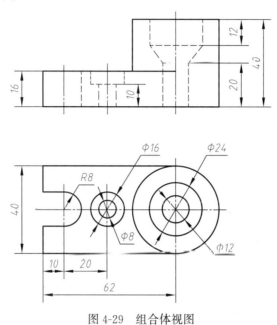

图 4-29 组合体视图

2. 选择 A4 图幅,根据图 4-30 所示底座三视图,绘制底座主视半剖视图、左视全剖视图和俯视图,并标注尺寸。

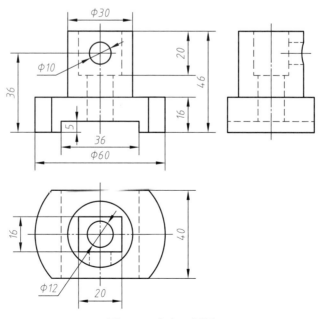

图 4-30 底座三视图

4.4 绘制支撑座视图

4.4.1 案例介绍和知识要点

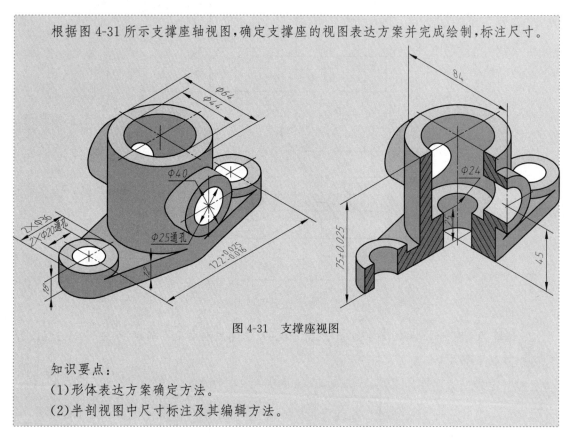

根据图 4-31 所示支撑座轴视图,确定支撑座的视图表达方案并完成绘制,标注尺寸。

图 4-31 支撑座视图

知识要点:
(1)形体表达方案确定方法。
(2)半剖视图中尺寸标注及其编辑方法。

• 视频
组合体绘图

4.4.2 绘图分析

1. 形体分析

支撑座的构成大体可分为三部分:底板、圆柱筒和前后圆柱凸台,如图 4-32 所示。

(1)底板中间和左右两端分别为 $\phi64$ 和 $\phi36$ 的圆柱面,连接板分别与圆柱面相切;左右两端 $\phi36$ 的圆柱高于底板上表面,形成圆柱凸台,凸台上有 $\phi20$ 的通孔。

(2)圆柱筒外表面与底板中间圆柱共面,内部为台阶孔。

(3)前后圆柱凸台 $\phi40$ 与圆柱筒外表面相贯,其上

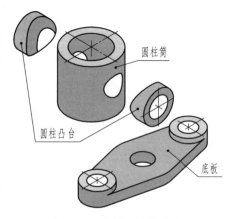

图 4-32 支撑座形体分析

有前后贯穿的通孔φ25,与圆柱筒内表面φ44 相贯。

2. 表达方案

该形体左右对称,且内外形均需要表达。因此,主视图和左视图均采用半剖视图,俯视图采用视图。

4.4.3 操作步骤

步骤一:新建文件。

(1)利用建立的"A3 横放"样板文件新建图形,保存为"4－4 支撑座"。

(2)设置状态栏上的"极轴""对象捕捉""对象追踪""线宽"按钮,呈打开状态,极轴的"增量角"设为 45°。

步骤二:布置视图,绘制基准线。

布置视图,绘制支撑座的基准线,如图 4-33 所示。

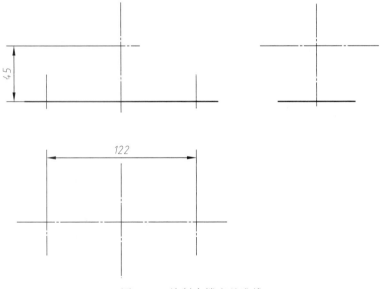

图 4-33 绘制支撑座基准线

步骤三:绘制底板和圆柱。

(1)绘制底板和圆柱的俯视图。分别绘制φ64、φ36、φ20 三个圆,采用对象捕捉方式绘制φ64 和φ36 两圆的公切线,镜像生成右半部分。

(2)绘制底板和圆柱的主视图和左视图。采用对象追踪方式,绘制底板和圆柱主视图及左视图的外形轮廓;根据俯视图切点的水平投影 a、b,确定切点在主视图中的位置 a'、b';左视图中切点位置 c''、d'' 与俯视图中切点 c、d 对应,采用 45°作图辅助线和对象追踪方式确定其位置,如图 4-34 所示。

步骤四:绘制圆柱筒内部台阶孔。

(1)绘制台阶孔的俯视图。分别绘制φ44、φ24 两个圆。

(2)采用对象追踪方式,绘制主视图和左视图中剖视部分台阶孔的轮廓线,如图 4-35 所示。

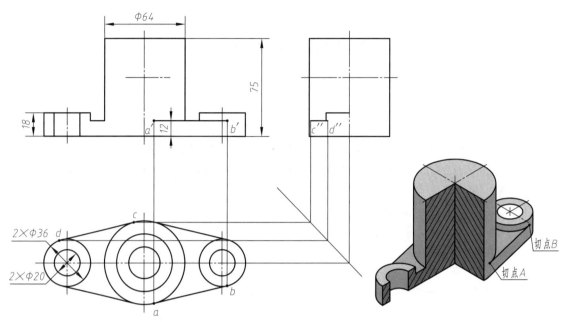

图 4-34 绘制底板和圆柱

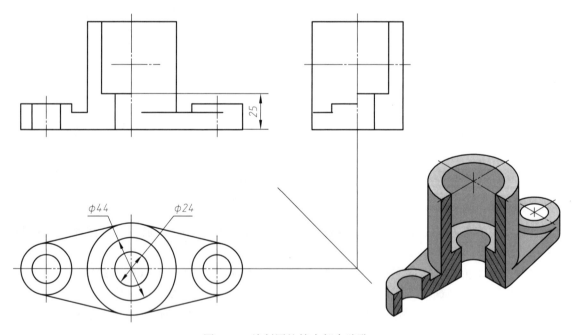

图 4-35 绘制圆柱筒内部台阶孔

步骤五: 绘制前后圆柱凸台。

(1) 绘制凸台主视图。分别绘制 $\phi40$ 和 $\phi25$ 两个圆,并将 $\phi40$ 的圆修剪为半圆。

(2) 采用对象追踪方式,绘制前方凸台俯视图中外表面矩形,与 $\phi64$ 圆相交;绘制内表面矩形(虚线),与 $\phi 44$ 圆相交。

(3)采用镜像方式绘制后方凸台俯视图。

(4)俯视图中底板上的公切线被前后凸台遮挡的部分应修改为虚线。执行"打断"命令,选择一条切线,打断点为凸台轮廓线与公切线交点;打断后选择被遮挡的切线段,切换为"虚线"图层;同理修改其余三条公切线。

(5)采用对象追踪方式,绘制前后凸台左视图轮廓线及相贯线,并修剪多余线段,如图4-36所示。

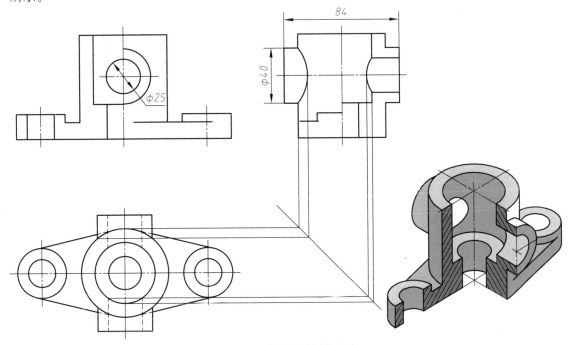

图 4-36　绘制前后圆柱凸台

步骤六:标注尺寸并编辑,绘制剖面线。

(1)切换至"尺寸"图层,采用形体分析法完成支撑座尺寸标注,并修改相关尺寸的前缀、后缀、公差等,调整尺寸至图中合适位置。

(2) $\phi 44$ 和 $\phi 24$ 圆柱的直径,主视图中仅显示其一条轮廓线,通过"特性"修改将未显示端的尺寸线和尺寸界线隐藏,如图4-37所示。

(3)切换至"细实线"图层,执行"图案填充"命令,图案选择 ANSI31,选中"创建独立的图案填充"复选框,依次在剖面线区域单击,完成剖面线绘制,如图4-38所示。

步骤七:保存文件。

单击快速访问工具栏中的 按钮,保存文件,完成绘图。

图 4-37　修改尺寸显示样式

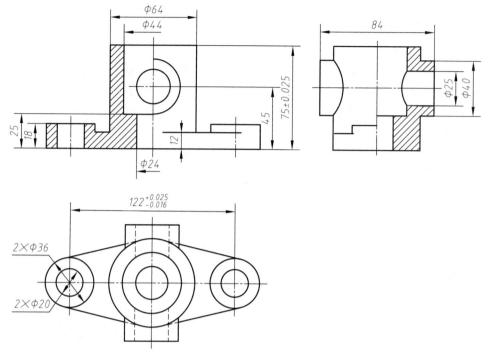

图 4-38 支撑座视图

4.5 上机练习

1. 绘制如图 4-39 所示组合体三视图,并回答问题。
(1)区域 1 的面积是多少?
(2)区域 2 的面积是多少?
(3)X 的值是多少?
(4)Y 的值是多少?
2. 绘制如图 4-40 所示组合体三视图,并回答问题。
(1)区域 1 的面积是多少?
(2)X 的值是多少?
(3)Y 的值是多少?
3. 选择 A4 样板文件,用 1∶1 比例绘制如图 4-41 所示组合体三视图,并标注尺寸。
4. 选择 A3 样板文件,用 1∶1 比例绘制如图 4-42 所示叉架视图,并标注尺寸。

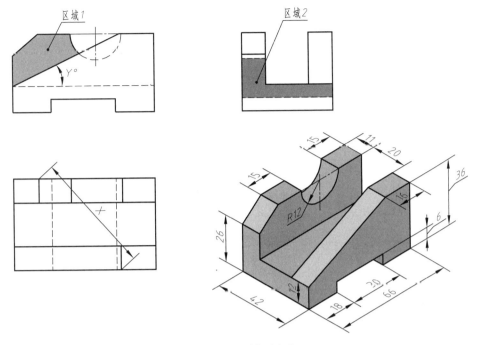

图 4-39 习题 1 图示

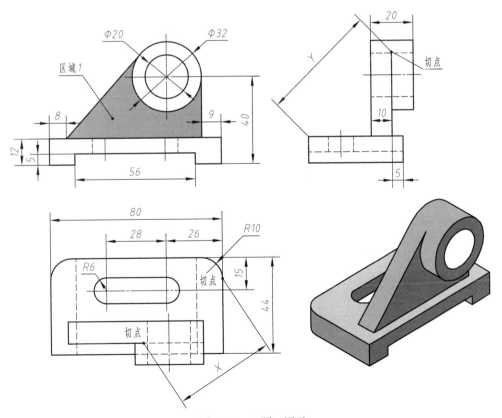

图 4-40 习题 2 图示

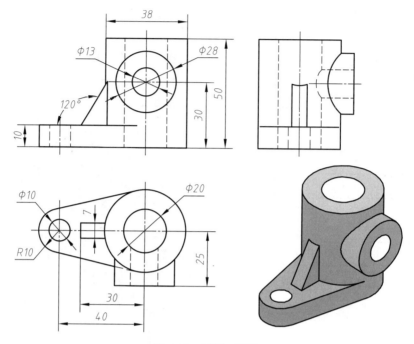

图 4-41 习题 3 图示

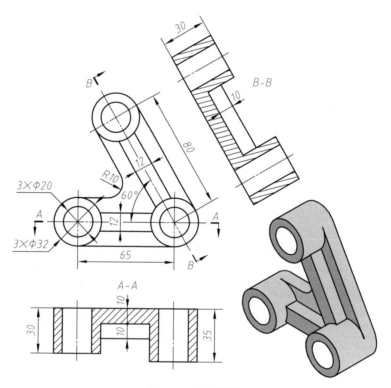

图 4-42 叉架视图

第 5 章 绘制工程图样

工程实际中,应用广泛的工程图样为零件图和装配图。在机器或部件的装配和安装中,会广泛使用螺纹紧固件及其他联接件。这些被大量应用的零件中,在结构、尺寸等各方面都已标准化的零件称为标准件。

5.1 绘制螺纹并标记

5.1.1 案例介绍及知识要点

1. 已知:公称直径为24、螺纹长为30、倒角为C2的粗牙普通外螺纹,中径和顶径公差为5g6g。要求:绘制该螺纹主视图和左视图,如图5-1(a)所示。

2. 已知:公称直径为24、螺纹长为30、倒角为C2的粗牙普通内螺纹,中径和顶径公差为6H。要求:绘制该螺纹主视全剖视图,左视外形图,如图5-1(b)所示。

3. 已知:将以上外螺纹和内螺纹联接,旋合长度为20。要求:绘制内、外螺纹联接状态的主视图和左视图,主视图和左视图均采用全剖视图,如图5-1(c)所示。

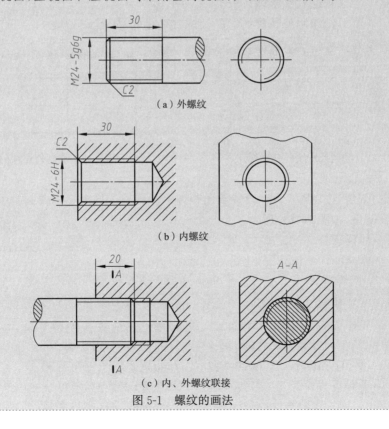

(a)外螺纹

(b)内螺纹

(c)内、外螺纹联接

图 5-1 螺纹的画法

知识要点:
(1)内、外螺纹及内、外螺纹联接的规定画法。
(2)倒角、缩放、打断命令的使用方法。
(3)特性管理器的使用方法。
(4)多重引线样式及其标注方法。

5.1.2 绘图分析

(1)外螺纹的倒角采用倒角命令来绘制,螺纹小径对应圆采用缩放且复制方式绘制,最后还需要将其打断,仅保留3/4。

(2)内螺纹主视图采用全剖视图,与外螺纹画法类似。

(3)螺纹副一般在装配图中绘制,通常是直接复制已绘制好的内螺纹,再复制外螺纹,并按照旋合位置设置基点进行粘贴,最后再修改完成。

5.1.3 操作步骤

● 视频
绘制外螺纹

步骤一:新建文件。
利用建立的 A3 样板文件新建图形,保存为"螺纹"。
步骤二:绘制外螺纹。
(1)绘制基准线,如图 5-2 所示。
(2)绘制外轮廓(大径)及螺纹终止线,如图 5-3 所示。

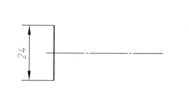

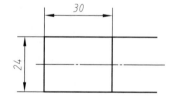

图 5-2 绘制外螺纹的基准线　　　　　图 5-3 绘制外螺纹的外轮廓

(3)单击"倒角"按钮 ⌐ ,分别设置倒角距离1和距离2均为2,按顺序选择线段上A、B两点位置,完成倒角,如图 5-4(a)所示。

命令行窗口提示:
命令:_chamfer
("修剪"模式)当前倒角距离 1 = 0.0000,距离 2 = 0.0000
选择第一条直线或[放弃(U)/多段线(P)/距离(D)/角度(A)/修剪(T)/方式(E)/多个(M)]: D　　　　　　　　　　　//输入距离选项 D
指定 第一个 倒角距离 <0.0000>:2　　//指定第一个倒角距离
指定 第二个 倒角距离 <2.0000>:2　　//指定第二个倒角距离
选择第一条直线或[放弃(U)/多段线(P)/距离(D)/角度(A)/修剪(T)/方式(E)/多个(M)]:　　　　　　　　　　　//在 A 点附近选择直线

选择第二条直线,或按住 Shift 键选择直线以应用角点或[距离(D)/角度(A)/方法(M)]:
//在 B 点附近选择直线

重复执行"倒角"命令,完成左下方 C、D 位置倒角,并绘制倒角后的直线,如图 5-4(b)所示。

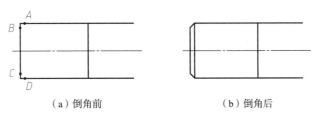

(a)倒角前　　　　　　　(b)倒角后

图 5-4　绘制外螺纹的倒角

(4)单击"缩放"按钮 ⊡,选择左视图螺纹大径所对应的圆,以"复制"方式将该圆进行缩放,比例为 0.85,得到螺纹小径所对应的圆,并将其调整为细实线。执行"直线"命令,采用对象追踪方式绘制主视图小径所对应的细实线,画到和倒角相交,如图 5-5(a)所示。

命令行窗口提示:

命令:_scale

选择对象:找到 1 个　　　　　　　　　　//选择大径粗实线圆

选择对象:　　　　　　　　　　　　　　//按【Enter】键,结束对象选择

指定基点:　　　　　　　　　　　　　　//捕捉圆心

指定比例因子或[复制(C)/参照(R)]:C　　//以复制模式缩放对象

缩放一组选定对象。

指定比例因子或[复制(C)/参照(R)]:0.85　//输入比例因子为 0.85

(5)单击"打断"按钮 ⊡,在 A 点附近选取小径细实线圆,选择 B 点附近为第二个打断点,将小径对应的细实线圆仅保留 3/4 圈,如图 5-5(b)所示。

命令行窗口提示:

命令:_break

选择对象:　　　　　　　　　　　　　　//在 A 点附近选择小径细实线圆

指定第二个打断点 或[第一点(F)]:　　　//在 B 点附近选择小径细实线圆

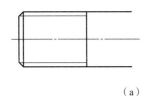 

(a)　　　　　　　　　　　　　　(b)

图 5-5　绘制外螺纹的小径

(6)单击"圆弧"按钮 ⌒,绘制圆弧,并将其镜像、填充为轴端断裂标记符号,完成外螺纹绘制,如图 5-6 所示。

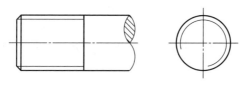

图 5-6 外螺纹

(7)切换至"尺寸"层,执行"线性"标注,分别标注长度 30 和直径 24,双击尺寸数字 24,在文本编辑器中将其修改为 M24-5g6g。执行"多重引线"标注,单击鼠标捕捉倒角端点,采用 45°极轴追踪方式,在适当位置单击确定引线位置,文本编辑器中输入 C2,单击"关闭",完成倒角标注见图 5-1(a)。

绘制内螺纹

步骤三: 绘制内螺纹。

(1)绘制基准线,内螺纹大径φ24 所对应的圆如图 5-7 所示。

(2)单击"缩放"按钮 ,选择左视图螺纹大径所对应的圆,以"复制"方式将该圆进行缩放,比例为 0.85,得到螺纹小径所对应的圆,并将其调整为粗实线。执行"直线"命令,采用对象追踪方式绘制主视图小径所对应底孔的粗实线(按比例画法,钻孔比螺纹深 0.5D,孔深 42),并绘制钻孔形成的 120°锥顶角,如图 5-8 所示。

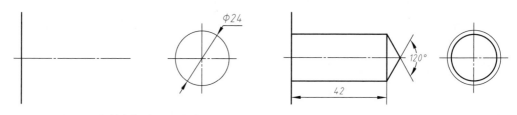

图 5-7 绘制内螺纹的基准线　　　　图 5-8 绘制内螺纹的小径及底孔

(3)单击"倒角"按钮 ,设置"修剪"模式为"不修剪",倒角距离 1 和距离 2 均为 2,按顺序选择线段上 A、B 两点位置,完成倒角,如图 5-9(a)所示。

命令行窗口提示:

命令:_chamfer

("修剪"模式)当前倒角距离 1 = 2.0000,距离 2 = 2.0000

选择第一条直线或 [放弃(U)/多段线(P)/距离(D)/角度(A)/修剪(T)/方式(E)/多个(M)]: T　　　　　　　　　　　　　　　　　　　　//输入修剪选项 T

输入修剪模式选项 [修剪(T)/不修剪(N)] <修剪>:N //选择不修剪模式

选择第一条直线或 [放弃(U)/多段线(P)/距离(D)/角度(A)/修剪(T)/方式(E)/多个(M)]:　　　　　　　　　　　　　　　　　　　　　//在 A 点附近选择直线

选择第二条直线,或按住 Shift 键选择直线以应用角点或 [距离(D)/角度(A)/方法(M)]:
　　　　　　　　　　　　　　　　　　　　　//在 B 点附近选择直线

重复执行"倒角"命令,完成左下方 C、D 位置倒角,并绘制倒角后直线,将多余线段修剪,如图 5-9(b)所示。

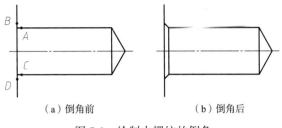

（a）倒角前　　　　　（b）倒角后

图 5-9　绘制内螺纹的倒角

(4)绘制螺纹终止线和螺纹大径,大径与倒角相交。执行"打断"命令将左视图中螺纹大径圆保留 3/4,如图 5-10 所示。

(5)绘制主视图辅助矩形、左视图边界及波浪线,并填充剖面线(剖面线要画到和粗实线相交),将矩形删除,如图 5-11 所示。

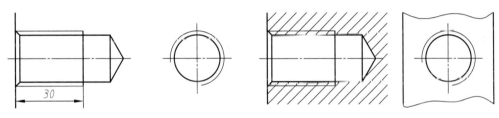

图 5-10　绘制螺纹终止线和大径　　　　图 5-11　绘制主视图和左视图边界并填充

(6)切换至"尺寸"层,执行"线性"标注,分别标注长度 30 和直径 24,双击尺寸数字 24,在文本编辑器中将其修改为 M24-6H。执行"多重引线"标注,单击捕捉倒角端点,采用 45°极轴追踪方式,在适当位置单击确定引线位置,文本编辑器中输入 C2,单击"关闭"按钮,完成倒角标注,见图 5-1(b)。

步骤四:绘制螺纹副。

(1)复制绘制好的内螺纹主视图和左视图至合适位置;再复制外螺纹主视图至内螺纹附近,并将其旋转 180°,如图 5-12 所示。

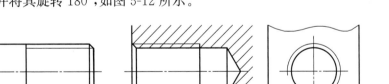

图 5-12　复制内螺纹和外螺纹

(2)切换至"细实线"层,单击"绘图"命令面板中的"区域覆盖"按钮 ▧,依次单击外螺纹中 A、B、C、D、E、F、A 各点,如图 5-13(a)所示。按【Enter】键确定,完成区域覆盖范围绘制,如图 5-13(b)所示。选择区域覆盖对象,右击,在弹出的快捷菜单中选择"绘图次序"|"后置"命令,区域覆盖置于外螺纹底层,操作过程及结果如图 5-13(c)、图 5-13(d)所示。

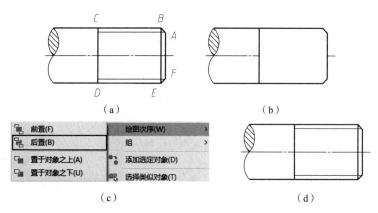

图 5-13　绘制内螺纹

(3)执行"修改"|"移动"命令,窗口选择全部外螺纹,以如图 5-14(a)所示 A 点作为"基点",以 B 点作为"目标点",将外螺纹移动到合适位置,完成内外螺纹旋合主视图绘制,如图 5-14(b)所示。

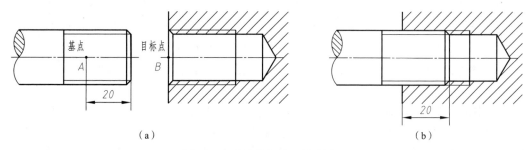

图 5-14　移动外螺纹至旋合位置

(4)在旋合位置绘制左视图全剖视图。在左视图中,选择小径,在"特性"中修改其半径为 12;选择大径,将其缩放 0.85 倍;分别将剖切到的形体填充剖面线,注意相同零件剖面线应一致,不同零件剖面线方向应相反,如图 5-15 所示。

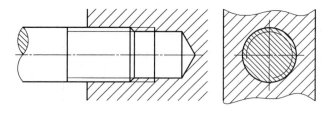

图 5-15　修改并填充左视图

(5)切换至"标注"层,绘制剖切符号(调整线宽),注写剖切名称,如图 5-1(c)所示,完成螺纹副绘制。

步骤五:保存文件。

单击快速访问工具栏中的 ■ 按钮,保存文件,完成绘图。

5.1.4 知识拓展——螺纹的画法及标记

螺纹一般不按真实投影作图,而是采用机械制图国家标准规定的画法以简化作图过程。

1. 内、外螺纹的画法

小径一般近似地取大径的0.85倍绘制,可见的螺纹终止线用粗实线表示,牙顶用粗实线,牙底用细实线;在投影为圆的视图中,表示牙底的细实线圆只画3/4圈,倒角圆省略不画,剖面线要画到与粗实线相交。

若零件螺孔没有剖切,螺纹的投影不可见时,所有图线均绘制成细虚线。具体画法如表5-1所示。

表 5-1 内、外螺纹的画法

表达情况	外螺纹的画法	内螺纹的画法	
		通孔内螺纹	盲孔内螺纹
不剖时			
剖切时			

2. 螺纹联接(螺纹副)的画法

螺纹联接通常采用剖视方法绘制。剖视图中,国标规定内、外螺纹旋合部分按外螺纹绘制,其余按照各自的规定画法绘制,如图5-16所示。

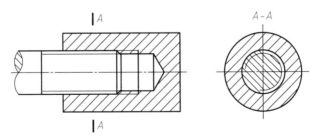

图 5-16 螺纹联接(螺纹副)的画法

绘图时必须注意:表示内、外螺纹大径的细实线和粗实线,以及表示内、外螺纹小径的粗实线和细实线应分别对齐;在剖切平面通过螺纹轴线的剖视图中,实心螺杆按不剖来绘制(不画剖面线)。

3. 螺纹的标注

螺纹的规定画法不能表达出螺纹的种类及其要素，因此需要在图中对螺纹进行正确的标注。除管螺纹外，标准螺纹均由大径处引出尺寸界线，按标注尺寸样式进行标注，其标注的具体内容及格式如下：

$$\boxed{\text{螺纹特征代号}}\ \boxed{\text{螺纹尺寸代号}}-\boxed{\text{螺纹公差带代号}}-\boxed{\text{旋合长度代号}}$$

（1）螺纹特征代号用于表示螺纹的牙型，具体为普通螺纹用字母 M 表示，梯形螺纹用字母 Tr 表示，锯齿形螺纹用字母 B 表示。

（2）螺纹尺寸代号用于表示螺纹的直径、螺距和导程、线数及旋向，其内容及格式如下：

$$\boxed{\text{公称直径}}\times \boxed{\begin{array}{l}\text{螺距（单线时）}\\\text{导程}(P\ \text{螺距})\text{（多线时）}\end{array}}\ \boxed{\text{旋向}}$$

普通粗牙螺纹可省略标注螺距，普通细牙螺纹必须标注螺距。公称直径、导程和螺距的单位为 mm。右旋螺纹省略标注旋向，左旋螺纹应标注字母 LH。

（3）螺纹公差带代号由表示公差等级的数字和字母组成，大写字母代表内螺纹，小写字母代表外螺纹。普通螺纹需要标注中径和顶径公差带代号，当两公差带代号完全相同时，只标注一项；梯形和锯齿形螺纹只标注中径公差带代号。

（4）旋合长度代号分为短、中、长三种，其代号分别是 S、N、L，也可由具体数值来表示旋合长度。若是中等旋合长度，其代号 N 可省略。

（5）管螺纹应标注螺纹符号、尺寸代号和公差等级。其中，螺纹符号包括 G、R、Rp 等；尺寸代号不表示螺纹的公称直径，而是指加工有螺纹的管子通径，单位为英寸，具体大径、小径等需要查表确定；公差等级代号，外管螺纹分为 A、B 二级标注，内管螺纹则不标注。需要说明的是，管螺纹必须采用指引线标注，且指引线应从大径线引出。

常用标准螺纹的标注见表 5-2。

表 5-2 常用标准螺纹的标注

螺纹类型		标注示例	说　　明
联接螺纹	普通螺纹	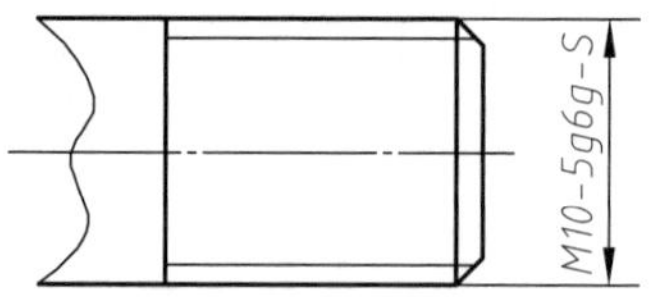	粗牙普通外螺纹，大径10，查《机械设计手册》中"普通螺纹基本尺寸表"，可知螺距1.5，右旋，中径公差带代号5g，顶径公差带代号6g，短旋合长度
		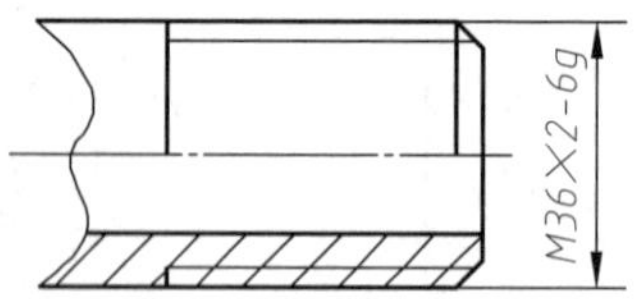	细牙普通外螺纹，大径36，螺距2，右旋，中径公差带和顶径公差带均为6g，中等旋合长度
		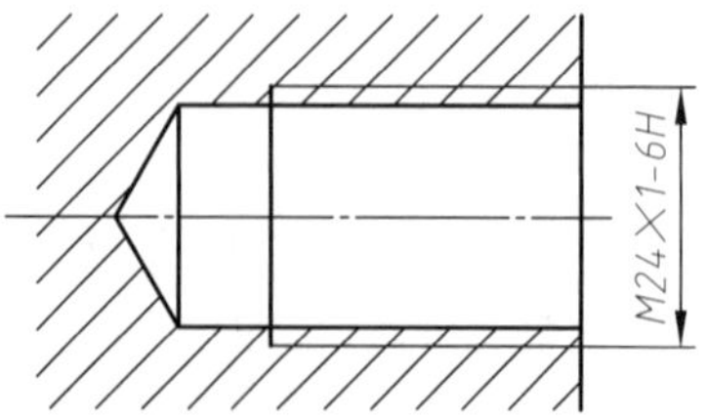	细牙普通内螺纹，大径24，螺距1，右旋，中径公差带和顶径公差带均为6H，中等旋合长度

续表

螺纹类型		标注示例	说　　明
联接螺纹	非螺纹密封管螺纹	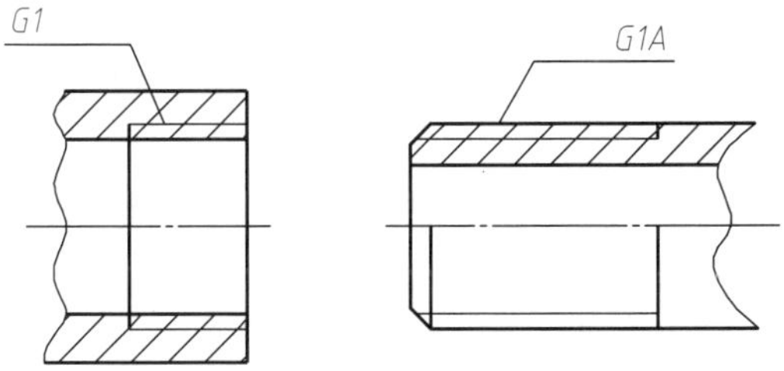 G1　G1A	非螺纹密封的管螺纹，尺寸代号 1，外螺纹的公差等级为 A 级，右旋。外螺纹公差等级代号有 A、B 两种，内螺纹公差等级仅一种，而不标代号
	螺纹密封管螺纹	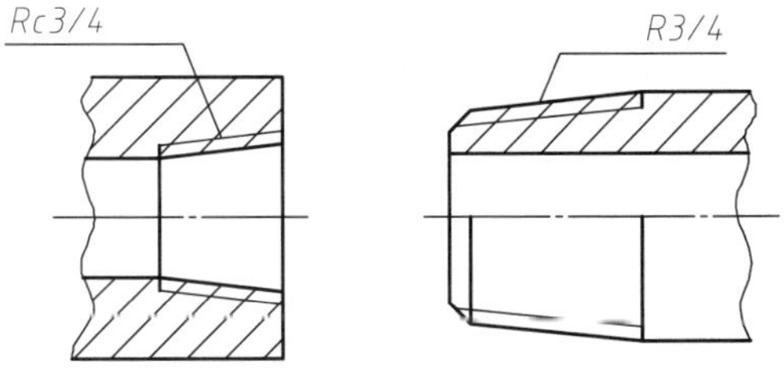 Rc3/4　R3/4	用螺纹密封的管螺纹，尺寸代号 3/4，右旋，内、外螺纹均为圆锥螺纹
传动螺纹	梯形螺纹	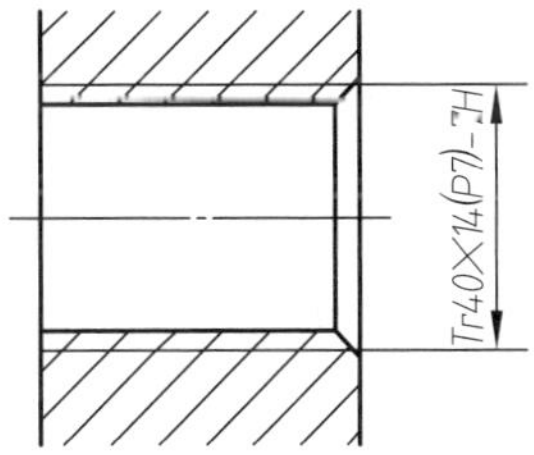 Tr40×14(P7)-7H	梯形螺纹，公称直径为 40，导程 14，螺距 7，双线，右旋，中径公差带代号为 7H
	锯齿形螺纹	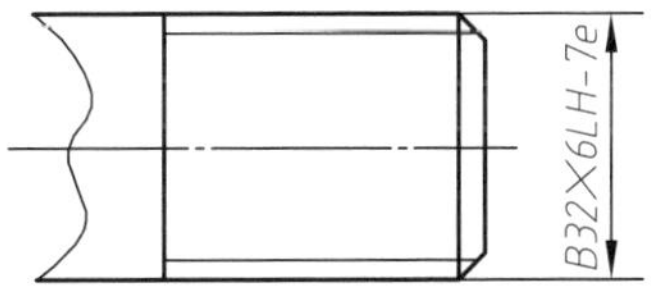 B32×6LH-7e	锯齿形螺纹，大径为 32，螺距 6，单线，左旋，中径公差带代号为 7e

5.1.5　随堂练习

按照图 5-1 所示的图形绘制外螺纹、内螺纹及螺纹联接装配图，并将其公称直径改为 30，其余数据不变。

5.2　绘制螺纹紧固件

5.2.1　案例介绍及知识要点

根据机械制图国标规定，按简化画法绘制螺栓联接图，如图 5-17 所示。
知识要点：
(1) 螺栓联接的简化画法。
(2) 螺柱、螺钉联接的简化画法。
(3) 联接的国标规定。

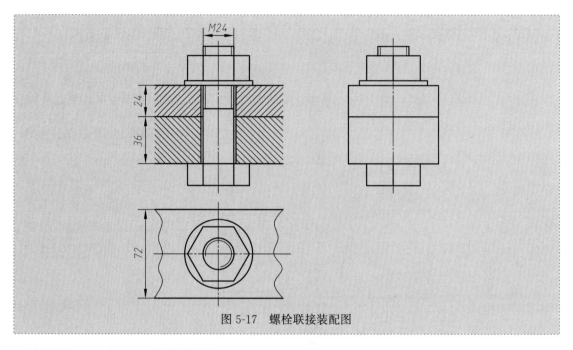

图 5-17 螺栓联接装配图

5.2.2 绘图分析

按装配顺序,先绘制待联接机件,然后依次绘制螺栓、垫圈和螺母。

5.2.3 操作步骤

步骤一:新建文件。

利用建立的 A3 样板文件新建图形,保存为"螺栓联接"。

步骤二:绘制联接机件。

中间钻孔尺寸取 $1.1d=26.4$,两零件剖面线的方向应相反,其钻孔的俯视图不绘制,如图 5-18 所示。

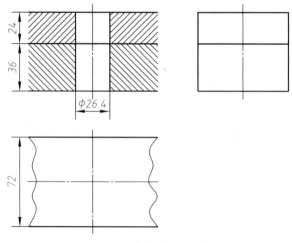

图 5-18 绘制被联接机件

步骤三:绘制螺栓。

(1) 八棱柱外接圆直径 $2d=48$,螺栓头部厚度 $0.7d=16.8$,螺栓长度 $L=36+24+0.15d+0.8d+0.3d=90$,小径 $0.85d=20.4$。

(2) 同时绘制螺栓在三个视图中的图形。

(3) 修剪被螺栓杆遮挡的代表两机件接触面的直线段,螺栓上部因要绘制垫圈,保留上面机件上表面直线,如图 5-19 所示。

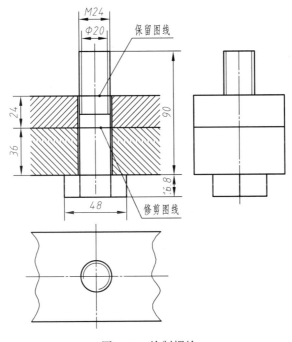

图 5-19 绘制螺栓

步骤四:绘制垫圈。

(1) 垫圈的外径为 $2.2d=52.8$,厚度为 $0.15d=3.6$,按不剖来绘制。分别在主视图和左视图完成垫圈视图。

(2) 修剪主视图和左视图中螺栓被垫圈遮挡部分的图线,并绘制俯视图中的圆,如图 5-20 所示。

步骤五:绘制螺母。

(1) 螺母的厚度为 $0.8d=19.2$,其余参数同螺栓,按不剖来绘制。

(2) 修剪螺栓被螺母遮挡部分的图线,主视图中螺纹小径不可见,左视图中螺栓杆被遮挡,并按主、左视图投影关系绘制俯视图中的正六边形,如图 5-21 所示。

步骤六:保存文件

单击快速访问工具栏中的 按钮,保存文件,完成绘图。

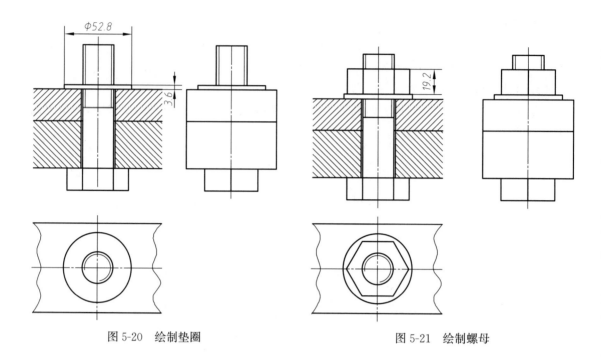

图 5-20　绘制垫圈　　　　　　　　图 5-21　绘制螺母

5.2.4　知识拓展

1. 螺纹紧固件

常用的螺纹紧固件有螺栓、双头螺柱、螺钉、螺母和垫圈等,它们是结构、尺寸都已标准化的标准件。在绘图时,可以根据公称尺寸采用比例画法或简化画法进行绘制,其具体尺寸可以查阅手册或标准。

常用螺纹紧固件的种类与标记如表 5-3 所示。

表 5-3　常用螺纹紧固件的种类与标记

名　称	简　图	规定标记及说明
六角头螺栓	C级　M10　50	螺栓　GB/T 5780 M10×50 名称　　公称长度 国标代号　螺纹规格
螺柱	A型　bm　45　M10 B型　bm　45　M10	两端均为粗牙普通螺纹,$d=10$、$l=45$、性能等级为 4.8 级、B 型、$b_m=1d$ 的双头螺柱的标记: 螺柱　GB/T 897 M10×45

续表

名 称	简 图	规定标记及说明
开槽圆柱头螺钉		螺纹规格 d = M10、公称长度 l = 50、性能等级为 4.8 级、未经表面处理的开槽圆柱头螺钉的标记： 螺钉 GB/T 65 M10×50
开槽沉头螺钉		螺纹规格 d = M10、公称长度 l = 50、性能等级为 4.8 级、未经表面处理的开槽沉头螺钉的标记： 螺钉 GB/T 68 M10×50
十字槽沉头螺钉		螺纹规格 d = M10、公称长度 l = 50、性能等级为 4.8 级、未经表面处理的开槽沉头螺钉的标记： 螺钉 GB/T 819 M10×50
开槽锥端紧定螺钉		螺纹规格 d = M12、公称长度 l = 35、性能等级为 14H 级、表面氧化的开槽锥端紧定螺钉的标记： 螺钉 GB/T 71 M12×35
开槽长圆柱端紧定螺钉		螺纹规格 d = M12、公称长度 l = 35、性能等级为 14H 级、表面氧化的开槽长圆柱端紧定螺钉的标记： 螺钉 GB/T 75 M12×35
I 型六角螺母 A 级和 B 级		螺纹规格 d = M12、性能等级为 8 级、未经表面处理、A 级的 I 型六角螺母的标记： 螺母 GB/T 6170 M12
I 型六角开槽螺母 A 级和 B 级		螺纹规格 d = M12、性能等级为 8 级、表面氧化、A 级的 I 型六角开槽螺母的标记： 螺母 GB/T 6178 M12
平垫圈 A 级		标准系列、规格 12、性能等级为 140 HV 级、未经表面处理的平垫圈的标记： 垫圈 GB/T 97.1 12

名　称	简　图	规定标记及说明
标准型弹簧垫圈		规格 12、材料为 65Mn、表面氧化的标准型弹簧垫圈的标记： 垫圈 GB/T 93 12

2. 螺纹紧固件联接图的画法

螺纹紧固件联接的基本形式有螺栓联接、双头螺柱联接和螺钉联接,如图 5-22 所示。

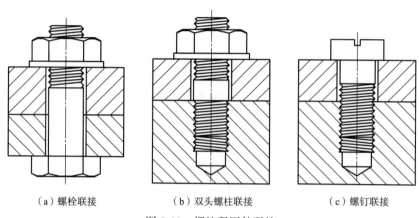

（a）螺栓联接　　　（b）双头螺柱联接　　　（c）螺钉联接

图 5-22　螺纹紧固件联接

1）螺栓联接

螺栓用来联接两个不太厚并能钻成通孔的零件,并与垫圈、螺母配合进行联接,如图 5-22(a)所示。

(1)螺栓联接中紧固件画法。螺栓联接的紧固件有螺栓、螺母和垫圈,紧固件一般用比例画法来绘制。比例画法就是以螺栓上螺纹的公称直径为主要参数,其余各部分的结构尺寸均按与公称直径成一定的比例关系来绘制,其尺寸比例关系如图 5-23 所示。

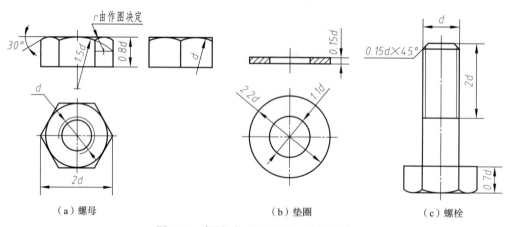

（a）螺母　　　　　　（b）垫圈　　　　　　（c）螺栓

图 5-23　螺栓、螺母和垫圈的比例画法

(2)螺栓联接画法。用比例画法绘制螺栓联接装配图时,应注意以下几点:

①两零件的接触面画一条线,不接触表面画两条线。凡不接触的表面,不论间隙大小,都应绘制出间隙(如螺栓和孔之间应绘制出间隙)。

②剖切平面通过螺纹紧固件的轴线时,这些零件(螺栓、螺母、垫圈)按不剖来绘制,仍画外形。必要时,也可采用局部剖视图来绘制。

③相同零件在各视图中的剖面线必须一致,不同零件的剖面线必须要区别开。两相邻零件的剖面线方向应相反,或者方向一致而间隔不等。

④螺栓长度 $L \geqslant \delta_1 + \delta_2 +$ 垫圈厚度 $+$ 螺母厚度 $+ (0.3 \sim 0.4)d$,选取与估算值相近的标准长度值作为 L 值。

⑤被联接件上的螺栓孔直径应稍大于螺栓直径,取 $1.1d$。

螺栓联接的比例画法如图 5-24 所示。

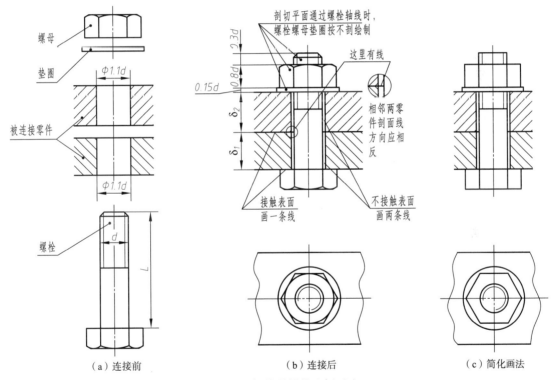

图 5-24　螺栓联接的比例画法

2)双头螺柱联接

当两个被联接件其中之一较厚,或不适合采用螺栓联接时,常用双头螺柱联接。双头螺柱两端均加工有螺纹,一端旋入被联接件中,称为旋入端;另一端与螺母联接,称为紧固端,如图 5-22(b)所示。

常见的双头螺柱联接的紧固件有螺柱、螺母和弹簧垫圈,双头螺柱联接的比例画法如图 5-25 所示。绘制双头螺柱的装配图时应注意以下几点:

(1)旋入端的螺纹终止线应与结合面平齐,表示旋入端已经拧紧。

(2)旋入端的长度 b_m 依据被旋入件的材料而定,被旋入端的材料为钢时,$b_m = 1d$;被旋入

134 | AutoCAD二维绘图案例教程

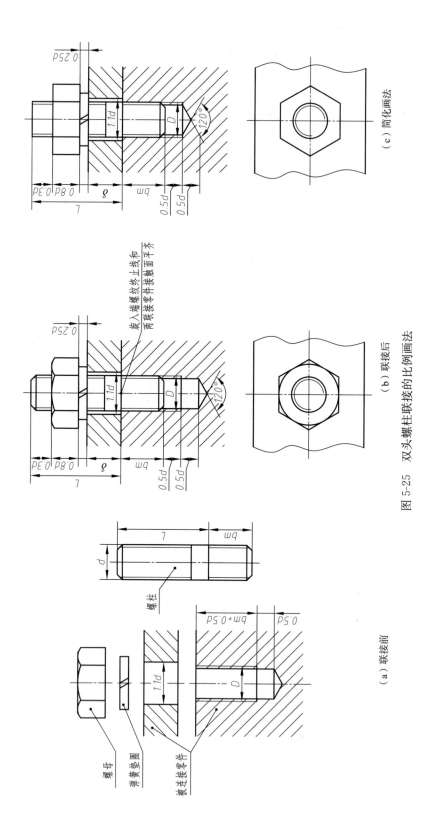

图 5-25 双头螺柱联接的比例画法

端的材料为铸铁或铜时,$b_m = 1.25d \sim 1.5d$;被旋入端的材料为铝合金等轻金属时,$b_m = 2d$。

(3)旋入端的螺孔深度取 $b_m + 0.5d$,钻孔深度取 $b_m + d$。

(4)螺柱的有效长度 $L \geqslant \delta +$ 垫圈厚度 + 螺母厚度 + $(0.3 \sim 0.4)d$,然后选取与估算值相近的标准长度值作为 L 值。

3)螺钉联接

螺钉联接一般用于受力不大且不需要经常拆卸的场合,如图 5-22(c)所示。

用比例画法绘制螺钉联接时,其旋入端与螺柱联接画法相同;上面被联接件的画法与螺栓的画法相同,即上面被联接件的孔径取 $1.1d$。螺钉的有效长度 $L = \delta + b_m$,并根据标准校正,绘图时注意以下两点:

(1)螺钉的螺纹终止线应高于两零件结合面,以保证有足够的旋合长度。

(2)具有沟槽的螺钉头部,在主视图中应被放正,在俯视图中按规定绘制成向右 45°倾斜。螺钉联接的比例画法如图 5-26 所示。

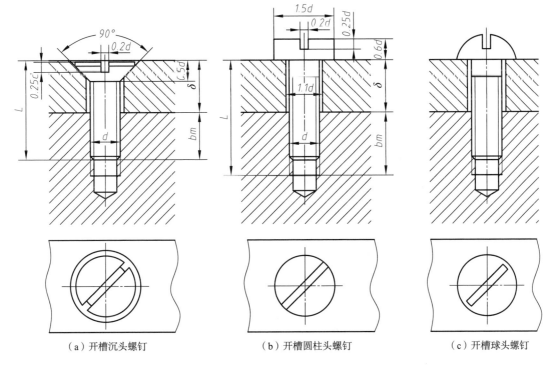

(a)开槽沉头螺钉　　　　(b)开槽圆柱头螺钉　　　　(c)开槽球头螺钉

图 5-26　螺钉联接的比例画法

5.2.5　随堂练习

1. 已知螺柱 GB/T 898 M16×40,螺母 GB/T 6170 M16,垫圈 GB/T 97.1 16,下面零件的材料为铸铁,如图 5-27(a)所示,按照比例画法,绘制螺柱联接装配图。要求:在主视图中绘制全剖视图,在俯视图中绘制外形图。

2. 已知螺钉 GB/T 65 M10×40,下面零件的材料为铸铁,如图 5-27(b)所示,用比例画法绘制螺钉联接装配图,注意螺钉长度 $L \leqslant 40$,采用全螺纹。要求:在主视图中绘制全剖视图,在俯视图中绘制外形图。

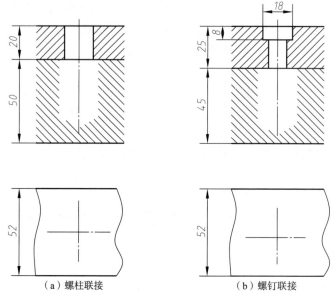

图 5-27　螺柱和螺钉联接

5.3　绘制机械零件图

零件从功能的角度可以分为紧固件、传动件、密封件和支承件等,而从标准化的角度可以分为标准件和非标准件。

非标准件必须绘制零件图,而零件一般都是单独设计的,其结构形状差别很大,一般将非标准件按结构功能特点分为轴套类、盘盖类、叉架类和箱体类共四类零件。

下面以箱体类零件为例介绍零件图的绘制。

5.3.1　案例介绍及知识要点

绘制泵体零件图,如图 5-28 所示。
知识要点:
(1)箱体类零件的表达方法及设计过程。
(2)几何公差的标注方法。
(3)快速引线的使用方法。
(4)表面粗糙度的标注方法。

5.3.2　绘图分析

泵体大致可以分解为以下几部分:主体是由平面立体和半个圆柱体组成的内有空腔的箱体,左下方前、后各有一块三角形安装板,泵体的右边和后边有圆柱凸台,其上有螺孔分别与泵壁相通,用于连接单向阀,是泵体的进出油口。长、宽、高方向尺寸及基准,如图 5-28 所示。

按照形体分析法来绘制泵体零件图。

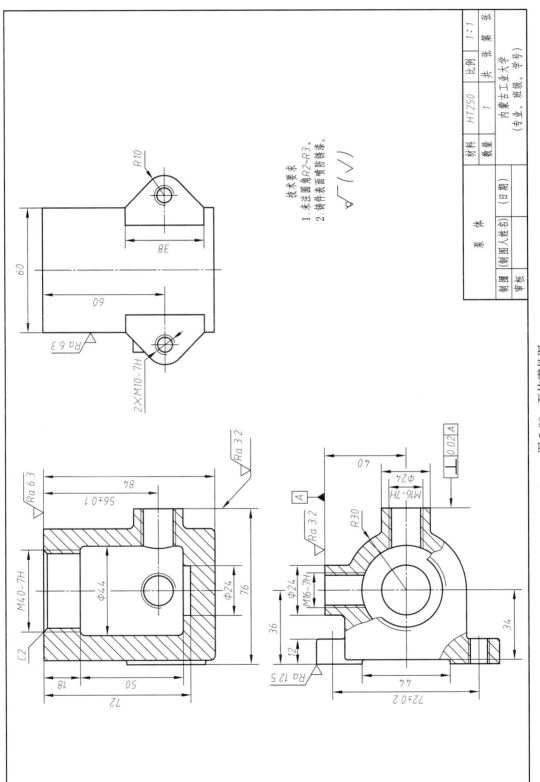

图 5-28 泵体零件图

视频

绘制泵体零件图

5.3.3 操作步骤

步骤一：新建文件。

利用 A3 样板文件新建图形，保存为"泵体"。

步骤二：绘制箱体（U 形体）。

(1) 绘制箱体主、俯、左三个视图的基准线和外轮廓线。

(2) 绘制箱体内部孔的轮廓线，主视图采用全剖视图，俯、左视图采用视图，因此左视图中孔不可见，不必画出，如图 5-29 所示。

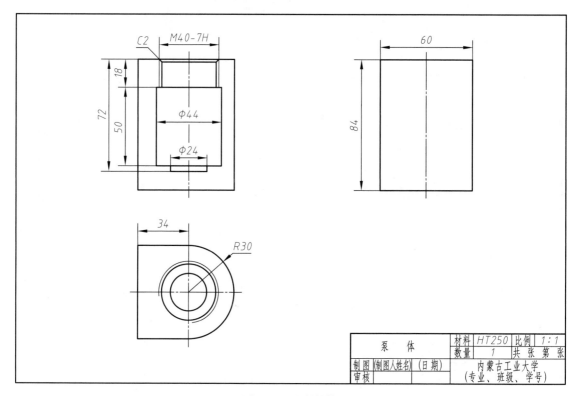

图 5-29 绘制箱体

步骤三：绘制进出油口。

(1) 绘制泵体右边和后边的 $\phi 24$ 圆柱凸台。

(2) 绘制凸台上两个 M16 的螺纹孔，按比例画法，$D_1 = 0.85D$，采用缩放命令确定螺纹小径。

(3) 俯视图采用局部剖视图。执行"样条曲线"命令，绘制波浪线，确定剖切范围，如图 5-30 所示。

步骤四：绘制三角形安装板。

(1) 绘制泵体左下方前、后三角形安装板，绘制左视图安装板的实形，并修剪被安装板遮挡部分形体的投影。

(2) 俯视图中采用局部剖视图表达安装板上的螺纹通孔。

（3）绘制主视图中安装板的部分投影，如图 5-31 所示。

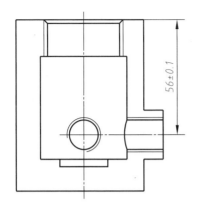
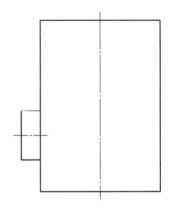

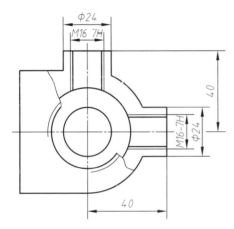

图 5-30 绘制进出油口

步骤五：检查、整理图形。

（1）由技术要求可知，未注铸造圆角为 $R2\sim R3$。执行"圆角"命令，设置圆角半径为 2，选择相应对象，添加铸造圆角。

（2）执行"图案填充"命令，选择图案 ANSI31 并调整合适的比例，在剖视图中相应位置绘制剖面线。

步骤六：标注尺寸。

将图层切换至"尺寸"层，采用形体分析法，依次标注图中线性、直径、半径等尺寸，编辑尺寸公差、螺纹前缀、后缀等，如图 5-32 所示。

视频

标注并编辑尺寸

步骤七：标注几何公差。

（1）执行快速引线命令：

①在命令行，输入 qleader，按【Enter】键。

②单击命令行中的"设置(S)"选项，弹出"引线设置"对话框。

③在"注释"选项卡中选中"公差"单选按钮，如图 5-33(a)所示。

④在"引线和箭头"选项卡中"点数"栏的"最大值"文本框中输入 2，从"箭

视频

标注几何公差

头"下拉列表中选择"实心闭合"选项,如图5-33(b)所示。

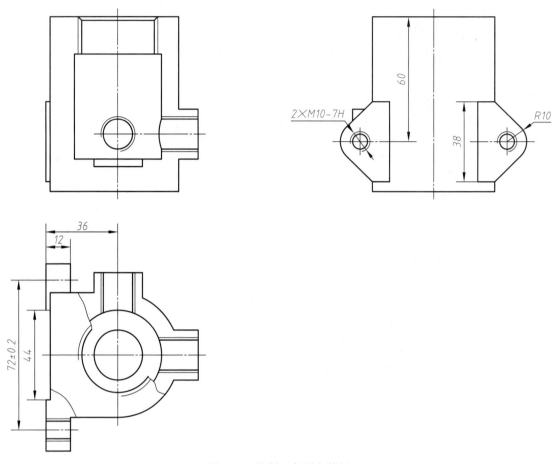

图 5-31 绘制三角形安装板

⑤单击"确定"按钮。

(2)确定引线位置。单击鼠标左键,依次捕捉 A 点和 B 点所在位置,如图5-34所示。

(3)设置几何公差:

①在弹出的"形位公差"对话框中,单击"符号"下面的黑色框格,在弹出的"特征符号"对话框中选择"垂直度"特征符号。

②在"公差1"下面的文本框中输入公差数值 0.02。

③在"基准1"下面的文本框中输入字母 A。

④单击"确定"按钮,完成【垂直度】几何公差标注,如图5-35所示。

(4)新建"基准引线"标注样式:

①单击"注释"命令面板中的"多重引线样式",弹出"多重引线样式管理器"对话框,单击"新建"按钮,如图5-36(a)所示。

②弹出"创建新多重引线样式"对话框,输入新样式名称"基准引线",单击"继续"按钮,如图5-36(b)所示。

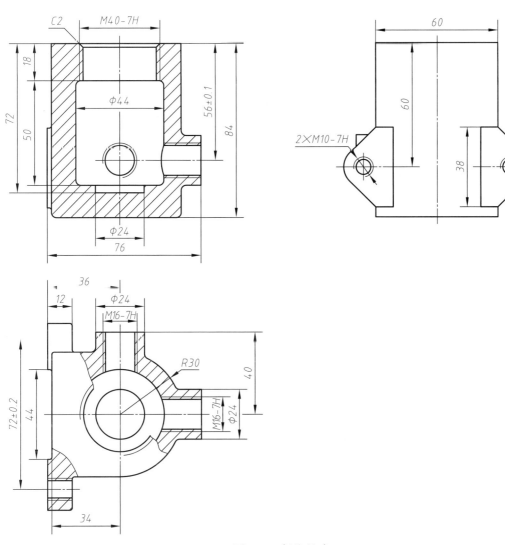

图 5-32 标注尺寸

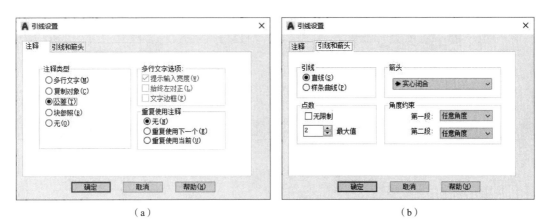

图 5-33 "引线设置"对话框

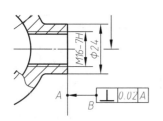
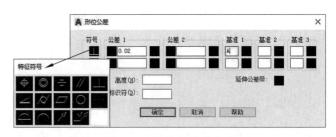

图 5-34　绘制快速引线　　　　　　图 5-35　标注垂直度公差

③弹出"修改多重引线样式:基准引线"对话框,在"引线格式"选项卡中设置箭头符号为"实心基准三角形",大小设置为 3.5;在"引线结构"选项卡中取消选中"自动包含基线"复选框;在"内容"选项卡中依次设置文字样式为"数字",文字高度为 3.5,选中"文字边框"复选框,引线连接设为"垂直连接",上、下连接位置均为"居中",其余均为默认设置即可,如图 5-36(c)所示。

④单击"确定"按钮,完成"基准引线"样式建立。

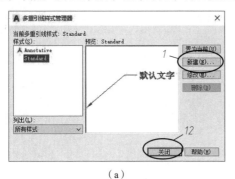

(a)　　　　　　　　　　　　　　　(b)

(c)

图 5-36　新建基准引线标注样式

(5)标注基准符号:
①将"基准引线"样式置为当前样式,执行"多重引线"命令。
②依次在"第一点"和"第二点"位置单击。

③在文本框中输入字母 A，关闭文本编辑器，完成基本符号标注，如图 5-37 所示。

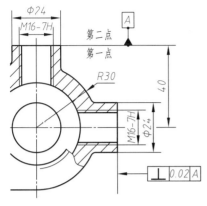

图 5-37　标注基准符号

图 5-38　表面粗糙度符号

步骤八：标注表面粗糙度。
（1）绘制粗糙度符号：在"尺寸"层绘制表面粗糙度符号，如图 5-38 所示。
（2）设置图块属性：
①单击"块"命令面板中的"属性定义"按钮 ，弹出"属性定义"对话框。
②在"标记"文本框中输入 RA。
③在"提示"文本框中填写"请输入表面粗糙度值"。
④在"默认"文本框中输入 Ra 3.2。
⑤在"对正"列表中选择"左对齐"选项。
⑥在"文字样式"列表中选择"数字和字母"选项。
⑦选中"注释性"复选框。
⑧在"文字高度"文本框中输入 3.5，如图 5-39 所示。
⑨单击"确定"按钮，将属性置于粗糙度符号合适位置，如图 5-40 所示。

视频

标注表面
粗糙度

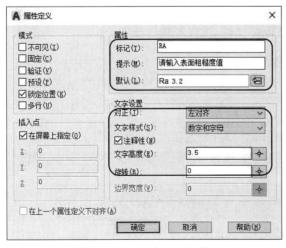

图 5-39　"属性定义"对话框

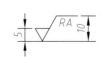

图 5-40　定义块属性

(3)创建块：

①单击"块"命令面板中的"创建块"按钮，弹出"块定义"对话框。

②在名称文本框中输入"表面粗糙度"。

③单击"拾取点"按钮，捕捉表面粗糙度符号底部的顶点。

④单击选择对象，窗口选择表面粗糙度符号的 4 条直线及块属性，共 5 个对象。

⑤选中"注释性"复选框。

⑥单击"确定"按钮。

⑦在弹出的"编辑属性"对话框中单击"确定"按钮，完成块创建，如图 5-41 所示。

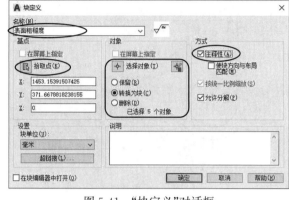

图 5-41 "块定义"对话框

(4)插入块：

①单击"块"命令面板中的"插入块"按钮，选择"表面粗糙度"块。

②以对象追踪方式捕捉插入点，在"编辑属性"对话框中输入相应的粗糙度数值。

③当表面粗糙度符号需要旋转放置时，在选项中选择"旋转"，并输入旋转角度即可完成标注。命令行窗口提示：

命令：_ - INSERT 输入块名或［?］＜表面粗糙度＞：表面粗糙度　　//选择要插入的块
单位：毫米
指定插入点或［基点(B)/比例(S)/旋转(R)］:R　　　　　　　　//插入块时要旋转
指定旋转角度＜0＞:90　　　　　　　　　　　　　　　　　　//输入旋转角度
指定插入点或［基点(B)/比例(S)/旋转(R)］:　　　　　　　　　//指定插入点

④重复执行以上操作，标注图中全部表面粗糙度。

步骤九：填写标题栏、注写技术要求。

切换至"尺寸"层，执行"多行文字"命令，注写标题栏和技术要求，如图 5-28 所示。

步骤十：保存文件。

单击快速访问工具栏中的 按钮，保存文件，完成零件图绘制。

5.3.4　知识拓展

1. 几何公差标注

视频
标注技术要求

"形位公差"对话框的具体说明如下：

(1)选择"标注"|"公差"命令，弹出"形位公差"对话框。

(2)单击"符号"选项下的黑色框格，弹出"特征符号"对话框，从中选择公差项目的特征符号。

(3)单击"公差 1""公差 2"选项下左侧的黑色框格，框格内显示ø符号，再次单击可以取消ø符号。

(4)在"公差 1""公差 2"选项下的文本框中输入公差值。

(5)在"基准 1""基准 2""基准 3"左侧的文本框中输入基准符号。

(6)单击"公差1""公差2""基准1""基准2""基准3"右侧的黑色框格,弹出"附加符号"对话框,从中可选择需要的符号。

(7)单击延伸公差带后的黑色框格,则输入延伸公差带符号ⓟ,再次单击取消,如图5-42所示。

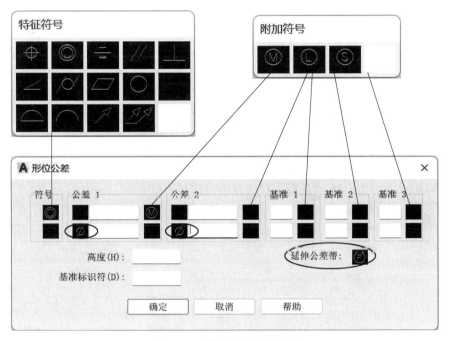

图 5-42 "形位公差"对话框

2. 箱体类零件

箱体类零件包括箱体、外壳和座体等。

1)结构特点

箱体类零件是机器或部件上的主体零件之一,其结构形状往往比较复杂。

2)表达方法

(1)通常以最能反映其形状特征及结构间相对位置的一面作为主视图的投射方向,以自然安装位置或工作位置作为主视图的摆放位置。

(2)一般需要两个或两个以上的基本视图才能将其主要结构形状表达清楚。

(3)一般要根据具体零件选择合适的视图、剖视图、断面图来表达其复杂的内外结构。

(4)往往还需要通过局部视图或局部剖视图以及局部放大图来表达尚未表达清楚的局部结构。

5.3.5 随堂练习

1. 如图5-43所示,按1:1比例在A3图纸上抄画阀体零件图。要求:线型、标注、字体、粗糙度等均符合国家标准规定。

2. 如图5-44(a)~图5-44(e)所示,按1:1比例抄画千斤顶中底座、旋转杆、顶盖、螺套、起重螺杆的零件图。要求:图纸幅面自定,线型、标注、字体、粗糙度等均符合国标。

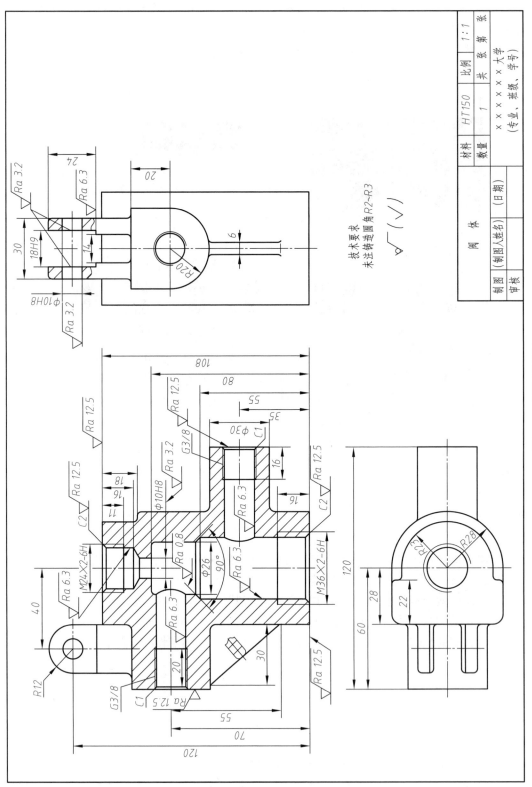

图 5-43 阀体零件图

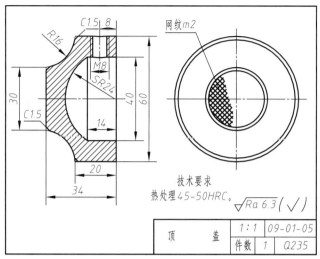
(a）顶盖

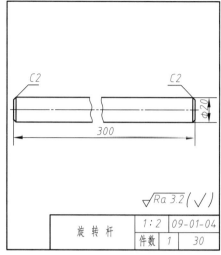
(b）旋转杆

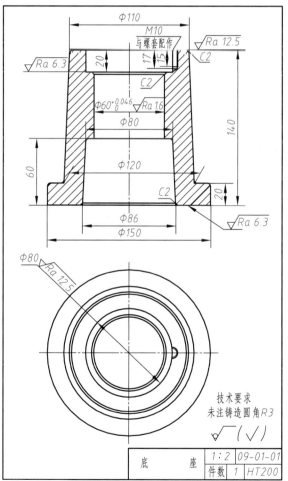
(c）底座

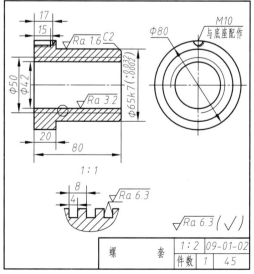
(d）螺套

图 5-44　千斤顶各零件图

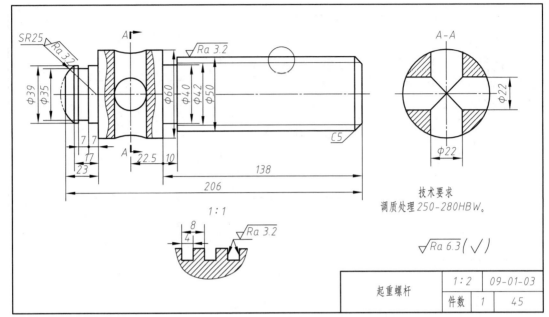

(e) 起重螺杆

图 5-44　千斤顶各零件图（续）

5.4　绘制机械装配图

装配图是表示产品及其组成部分的联接、装配关系及其技术要求的图样。装配图中零件较多，图形复杂，绘制过程经常要进行修改，绘图难度较大。利用 AutoCAD 绘制装配图充分体现了 AutoCAD 辅助设计的优势。

5.4.1　案例介绍及知识要点

> 根据千斤顶装配示意图（见图 5-45），绘制千斤顶装配图。
> 工作原理：千斤顶是顶起重物的部件。使用时，只需逆时针方向转动旋转杆 4，起重螺杆 3 就向上移动，从而将重物顶起；反之，顺时针方向转动旋转杆 4，起重螺杆 3 向下移动，从而将重物放下。
> 千斤顶标准件见表 5-4。

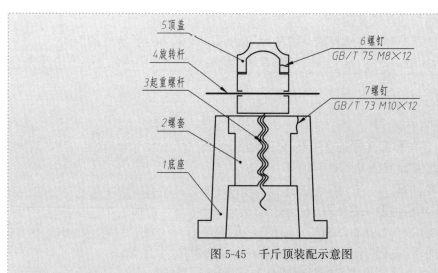

图 5-45 千斤顶装配示意图

表 5-4 千斤顶中标准件表

序号	代号	名称	数量	零件图(查表)
6	GB/T 75—2018	螺钉 M8×12	1	
7	GB/T 73—2017	螺钉 M10×12	1	

知识要点：
(1)装配图的绘制方法。
(2)多重引线的对齐、合并以及添加引线的方法。
(3)装配明细表的应用。

5.4.2 绘图分析

千斤顶的表达方案如下：

(1)主视图按千斤顶工作位置放置，通过起重螺杆的轴线进行剖切，绘制主视全剖视图，较多地反映了零件间的相对位置和装配关系。

(2)俯视图通过底座的上表面进行剖切，绘制俯视全剖视图，表达底座的外

绘制千斤顶主视图

形,以及螺套与起重螺杆的连接装配。

(3)补充顶盖的向视图和起重螺杆的剖视图,反映顶盖的外形和起重螺杆的内形。

上述方案较好地反映了千斤顶的工作原理、零件间的装配关系及零件的主要结构形状。

5.4.3 操作步骤

步骤一:新建文件。

利用建立的 A3 竖向样板文件新建图形,保存为"千斤顶"。

步骤二:将"底座"复制到装配图中。

(1)打开"底座"零件图。

(2)关闭标注、文本和辅助线等图层。

(3)选择所有视图的图线,执行"编辑"|"复制"命令。

(4)在"窗口"菜单中,选择"千斤顶"文件,将活动窗口切换到"千斤顶"。

(5)右击,在弹出的快捷菜单中选择"粘贴"命令,在图中适当位置单击,将底座复制到千斤顶装配图中。

(6)适当地平移和整理视图间位置,为后续装配其他零件做好准备,如图 5-46 所示。

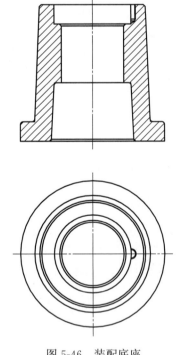

图 5-46 装配底座

步骤三:装配螺套和螺钉(零件 7)到装配图中。

(1)打开"螺套"零件图,并关闭标注、文本和辅助线等图层。

(2)与"底座"操作相同,复制"螺套"主视图全部图线,粘贴在"千斤顶"文件中适当位置。

(3)在"千斤顶"装配图中,"螺套"为轴线竖直放置。选择"螺套"主视图所有图线,执行"旋转"命令,旋转角度为"-90°"。

(4)切换至"细实线"图层,单击"绘图"命令面板中的"区域覆盖"按钮 ▨ ,沿"螺套"最外轮廓拾取点绘制封闭区域,并将该对象后置。

(5)执行"移动"命令,窗口选择"螺套"主视图(含区域覆盖),以螺套上表面与轴线交点作为"基点",以底座上表面与轴线交点作为"目标点",将螺套移动到千斤顶装配图主视图的正确位置。

(6)主视图中在 M10 螺纹孔处添加 M10 螺钉(零件 7),俯视图中绘制螺套和螺钉投影,并删除被遮挡部分轮廓,如图 5-47 所示。

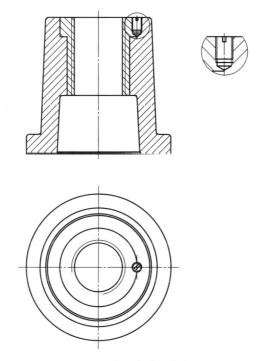

图 5-47　装配螺套和螺钉 7

步骤四:装配起重螺杆到装配图中。

(1)打开"起重螺杆"零件图,关闭标注、文本和辅助线等图层。

(2)与"底座"操作相同,复制"起重螺杆"主视图全部图线,粘贴在"千斤顶"文件中适当位置。

(3)在"千斤顶"装配图中,"起重螺杆"为轴线竖直放置。选择"起重螺杆"主视图所有图线,执行"旋转"命令,旋转角度为"-90°"。

(4)切换至"细实线"图层,单击"区域覆盖"按钮 ▨ ,沿"起重螺杆"最外轮廓拾取点绘制封闭区域,并将该对象后置。

(5)执行"移动"命令,窗口选择"起重螺杆"主视图(含区域覆盖),以起重螺杆退刀槽上表面与轴线交点作为"基点",以底座上表面与轴线交点作为"目标点",将起重螺杆移动到千斤顶装配图主视图的正确位置。

(6)起重螺杆与螺套采用矩形螺纹传动实现重物顶起与放下,且矩形螺纹为非标准螺纹。因此,在主视图中螺纹配合部分采用局部剖,表达内外螺纹的牙型,绘制螺纹牙型并填充剖面线,如图 5-48 所示。

步骤五:装配顶盖和螺钉(零件 6)到装配图中。

(1)打开"顶盖"零件图,并关闭标注、文本和辅助线等图层。

(2)与"底座"操作相同,复制"顶盖"主视图全部图线,粘贴在"千斤顶"文件中适当位置。

(3)在"千斤顶"装配图中,"顶盖"为轴线竖直放置。选择"顶盖"主视图所有图线,执行"旋转"命令,旋转角度为"-90°"。

(4)执行"移动"命令,窗口选择"顶盖"主视图,以顶盖上螺孔中心线与顶盖轴线交点作为"基点",以起重螺杆上方凹槽中点作为"目标点",将起重螺杆移动到千斤顶装配图主视图的正确位置,并修剪被起重螺杆遮挡部分的图线,如图 5-49 所示。

(5)主视图中在 M8 螺纹孔处添加 M8 螺钉(零件 6),如图 5-49 所示。

步骤六:装配旋转杆到装配图中。

(1)以旋转杆和起重螺杆在装配图中的配合点为基准,绘制旋转杆视图,并将左右两端分别打断表达,如图 5-50 所示。

(2)利用"样条曲线"绘制起重螺杆中的剖切位置,填充剖面线。

(3)修剪被旋转杆遮挡部分图线,如图 5-50 所示。

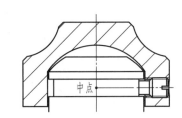

图 5-49 装配顶盖和螺钉

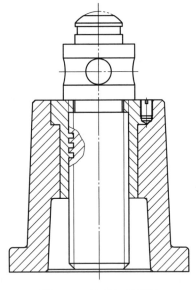

图 5-48 装配起重螺杆

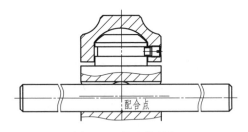

图 5-50 装配旋转杆

视频

绘制千斤顶其他视图

步骤七:补充其他视图,完成千斤顶装配图。

(1)通过俯视 A-A 全剖视图沿底座上表面剖切,主要表达底座外形,以及骑缝螺钉联接螺套与底座的安装位置。

(2)绘制顶盖的 C 向视图,反映顶盖上表面的滚花结构,以便更好地支撑重物。

(3)绘制起重螺杆的 B-B 剖视图,反映起重螺杆与旋转杆连接处为前、后、左、右四个方向的通孔。

(4)复制顶盖外形至其上方 50 mm 处,并将图线修改为双点画线,表达千斤顶的工作范围。
(5)标注以上图形的剖切位置、投影方向及图名,如图 5-51 所示。

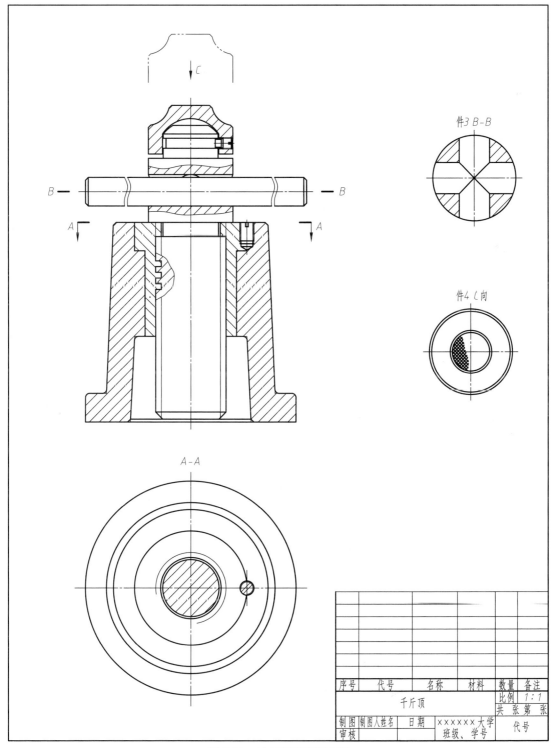

图 5-51 补充千斤顶装配图

步骤八：标注尺寸。

标注规格性能尺寸、配合尺寸、安装尺寸、总体尺寸和其他主要尺寸，如图 5-52 所示。

视频
标注千斤顶尺寸

步骤九：标注序号。

（1）新建"序号"多重引线样式。同新建"基准引线"的操作步骤类似（见图 5-36），输入新样式名称"序号"，在"引线格式"选项卡中设置箭头符号为"小点"，大小设置为 2；在"引线结构"选项卡中设置"自动包含基线"，基线距离设置为"3"；其余同基准引线设置，单击"确定"按钮，完成"序号"样式建立。

（2）标注零件序号：

①单击"注释"命令面板中的"多重引线"按钮，对装配图中的 7 个零件分别标注序号。

②设置引线的对齐方式。

- 单击"多重引线"命令面板中的"多重引线对齐"按钮 ，选择 1～7 序号，按【Enter】键。
- 选择其中一个合适位置的序号，作为对齐的基准。
- 移动鼠标，选择竖直方向后单击，则设置序号在一条竖直线上。
- 移动鼠标，选择水平方向后单击，则设置序号在一条水平线上，如图 5-52 所示。

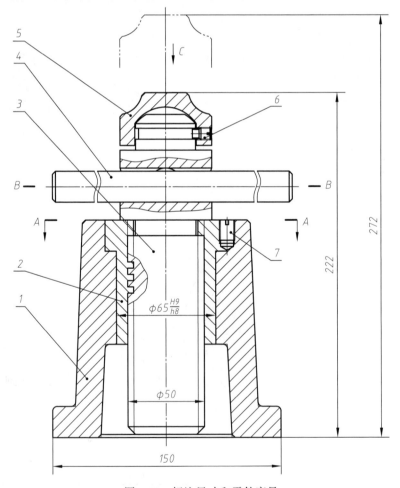

图 5-52　标注尺寸和零件序号

步骤十：填写标题栏、明细表和技术要求。

根据标题栏、明细表格式和内容，填写标题栏、明细表，注写技术要求，如图 5-53 所示。

步骤十一：保存文件。

单击快速访问工具栏中的 🖫 按钮，保存文件，完成千斤顶装配图绘制，如图 5-54 所示。

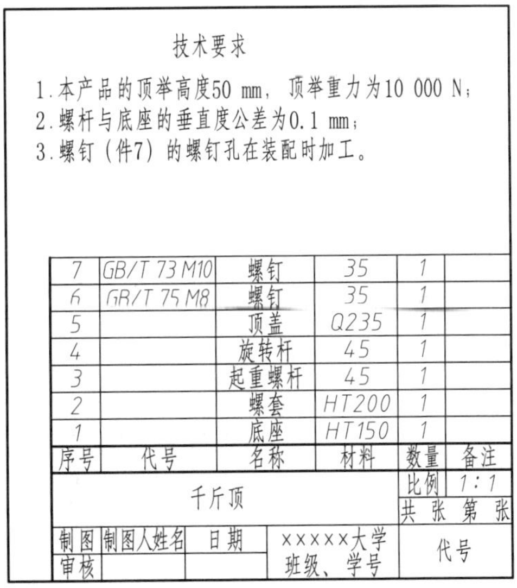

5.4.4 知识拓展——装配图表达方法的选择

装配图的视图表达方法和零件图基本相同，前面介绍的各种视图、剖视图和断面图等的表达方法均适用于装配图。

为了正确表达机器或部件的工作原理、各零件间的装配连接关系以及主要零件的基本形状，各种剖视图在装配图中的应用极为广泛。

在部件中，往往有许多零件是围绕一条或几条轴线装配起来的，这些轴线称为装配轴线或装配干线。在采用剖视图表达时，剖切平面应通过这些装配轴线。

1. 规定画法

装配图的规定画法如下：

（1）相邻两零件的接触表面和配合表面（包括间隙配合）只绘制一条轮廓线，不接触表面和非配合表面应绘制两条轮廓线。如果距离太近，可不按比例适当夸大绘制出。

（2）相邻两金属零件的剖面线，倾斜方向应尽量相反。当不能使其相反时（如三个零件互为相邻），剖面线的间隔不应相等，或使剖面线相互错开。

（3）同一装配图中的同一零件的剖面线必须方向一致，间隔相等。

2. 简化画法

装配图的简化画法如下：

（1）在装配图中，可以假想将某些零件（或组件）拆卸后绘制视图，需要说明时也可加注"拆去××"等。

（2）在装配图中可单独绘制某一零件的视图，但必须在所绘制视图的上方标注出该零件的视图名称，在相应的视图附近用箭头指明投射方向，并标注出同样的字母。

（3）装配图中的紧固件和轴、连杆、球、键、销等实心件，若按纵向剖切，且剖切平面通过其对称平面或轴线，这些零件均按不剖来绘制。如需特别表明零件上孔、槽等构造则用局部剖视图来表示。

（4）在装配图中，螺栓、螺钉联接等若干相同的零件或零件组，允许仅详细绘制出其中一处，其余只需表示其装配位置（用轴线或中心线表示）。

（5）在装配图中，零件上的小圆角、倒角、退刀槽和中心孔等工艺结构可不绘制。

根据装配图的规定和简化画法，在绘制装配图的过程中，要注意修改图线，一些在零件图中可见的图线在装配图中可能不可见。对于重叠的图线要删除或合并为一个对象，以使文件尽量小。

图 5-53 填写标题栏、明细表、技术要求

技术要求
1. 本产品的顶举高度50 mm，顶举重力为10 000 N；
2. 螺杆与底座的垂直公差为0.1 mm；
3. 螺钉（件7）的螺钉孔在装配时加工。

7	GB/T 73 M10	螺钉	35	1
6	GB/T 75 M8	螺钉	35	1
5		顶盖	Q235	1
4		旋转杆	45	1
3		起重螺杆	45	1
2		螺套	HT200	1
1		底座	HT150	1
序号	代号	名称	材料	数量 备注

千斤顶　比例 1:1　共 张 第 张
制图／制图人姓名／日期　×××××大学 班级、学号　代号
审核

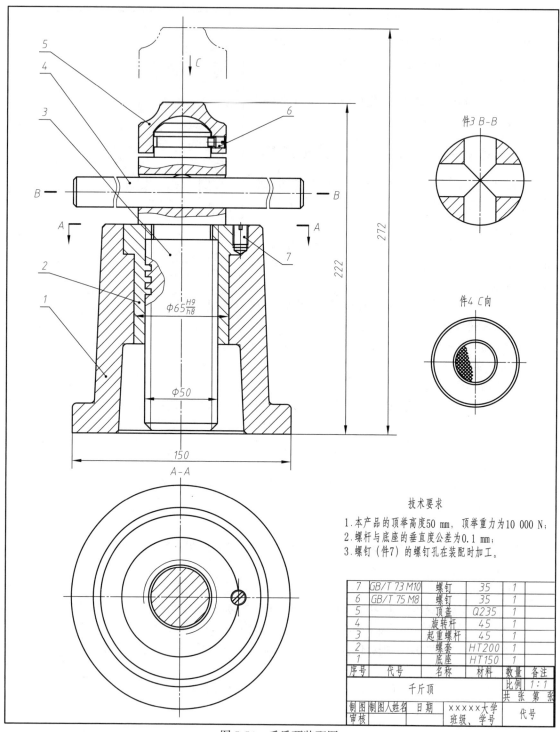

图 5-54 千斤顶装配图

5.4.5 随堂练习

根据以下"计数器"各零件的零件图绘制其装配图,如图 5-55 所示。其中支架、套筒、定位轴和盖的零件图分别如图 5-56(a)～图 5-56(d)所示。

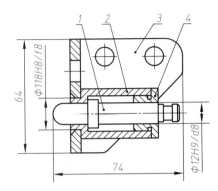

技术要求
1. 必须按照设计、工艺要求及本规定和有关标准进行装配。
2. 各零、部件装配后相对位置应准确。
3. 零件在装配前必须清理和清洗干净，不得有毛刺、飞边、氧化皮、锈蚀、切屑、砂粒、灰尘和油污等，并应符合相应清洁度要求。

图 5-55 计数器装配图

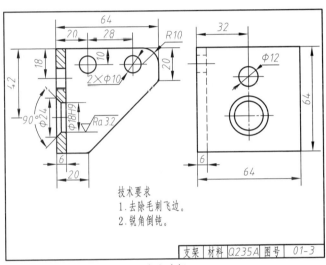

（a）支架

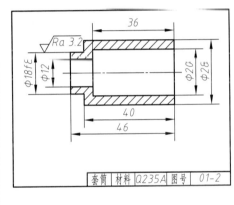

（b）套筒

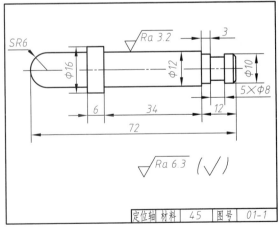

（c）定位轴

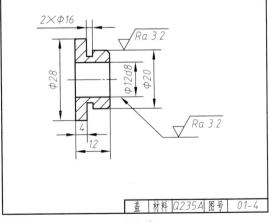

（d）盖

图 5-56 计数器各组成零件的零件图

5.5 上机练习

1. 按图示比例及格式绘制螺纹调节支撑各零件图,并标注尺寸,如图 5-57(a)~图 5-57(e)所示。

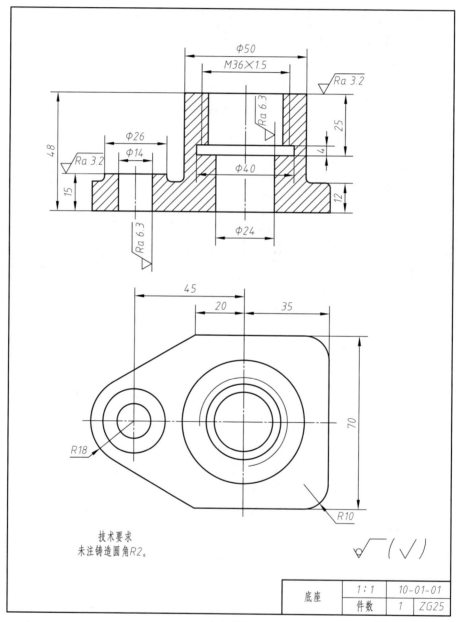

(a) 底座

图 5-57 螺纹调节支承各组成零件的零件图

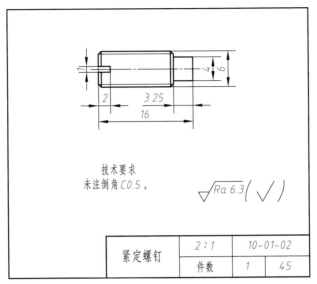

（b）紧定螺钉

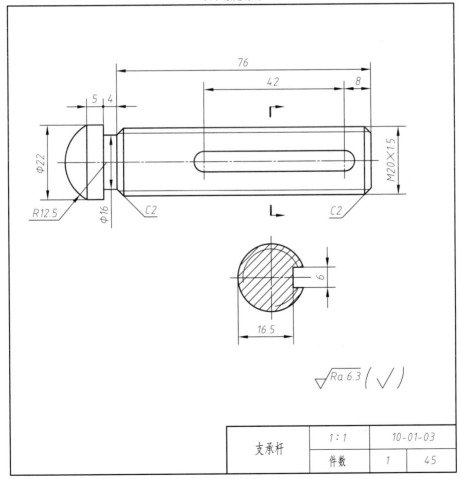

（c）支承杆

图 5-57　螺纹调节支承各组成零件的零件图（续）

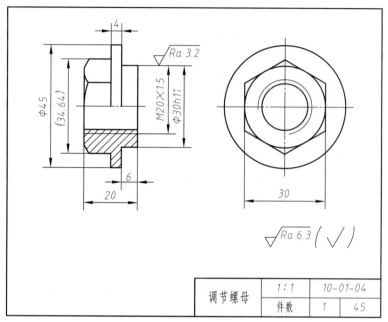

（d）调节螺母

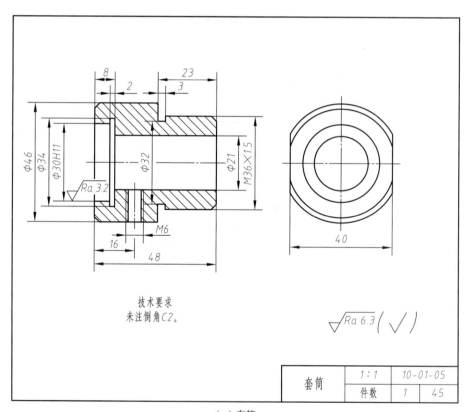

（e）套筒

图 5-57　螺纹调节支承各组成零件的零件图（续）